ZIKA

DONALD G. McNEIL JR.

ZIKA

A EPIDEMIA EMERGENTE

Tradução
Rosaura Eichenberg

Planeta

Título original: *Zika*

Preparação: Ana Teresa Clemente
Revisão: Luiz Pereira e Beatriz Carneiro
Diagramação: Vivian Oliveira
Capa: Pete Garceau
Imagens de capa: Emil August Goeldi

CIP-BRASIL. CATALOGAÇÃO NA PUBLICAÇÃO
SINDICATO NACIONAL DOS EDITORES DE LIVROS, RJ

M429z

McNeil, Donald
Zika : a epidemia emergente / Donald G. McNeil Jr.; [tradução Rosaura Eichenberg]. - 1. ed. - São Paulo : Planeta, 2016.

Tradução de: *Zika*
ISBN 978-85-422-0845-0

1. Zika. 2. Aedes aegypti - Morfologia 3. Saúde pública. 4. Epidemiologia. I. Eichenberg, Rosaura. II. Título.

16-36309 CDD: 614.5885
CDU: 616.98:614.4

2016

EDITORA PLANETA DO BRASIL LTDA.
Rua Padre João Manuel, 100 – 21º andar
Ed. Horsa II – Cerqueira César
01411-000 – São Paulo-SP
www.planetadelivros.com.br
atendimento@editoraplaneta.com.br

SUMÁRIO

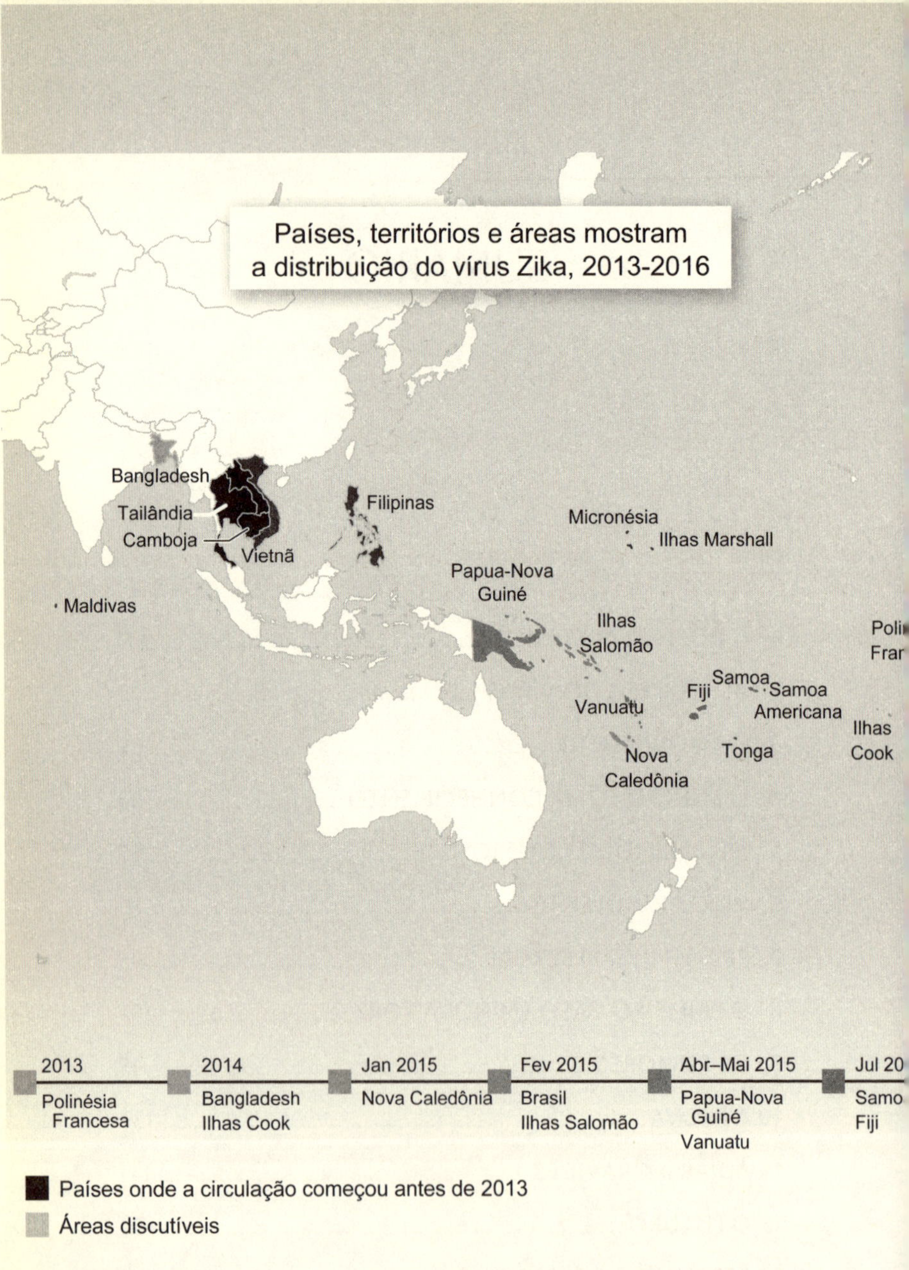

Países, territórios e áreas mostram a distribuição do vírus Zika, 2013-2016. Redesenhado a partir do mapa impresso da OMS, "Relatório da Situação: Vírus Zika, Microcefalia e Síndrome de Guillain-Barré", 26 de maio de 2016, p. 4, <http://www.who.int/emergencies/zika-virus/situation-report/en/>, © 2016 pela Organização Mundial da Saúde.

ut 2015	Nov 2015	Dez 2015	Jan 2016	Fev 2016	Mar–Mai 2016
olômbia	El Salvador	Guiana Francesa	Bolívia	Peru	São Bartolomeu
abo Verde	Guatemala	Honduras	Ilhas Virgens (EUA)	Ilhas Marshall	Micronésia
	México	Martinica	República Dominicana	São Vicente e Granadinas	Vietnã
	Paraguai	Panamá	Costa Rica	Sint Maarten	Belize
	Suriname	Porto Rico	Guadalupe	Trinidade e Tobago	Santa Lúcia
	Venezuela		São Martinho	Aruba	Cuba
			Nicarágua	Bonaire, Antilhas Holandesas	Filipinas
			Barbados		Argentina
			Maldivas		Granada
			Equador		
			Guiana		
			Jamaica		
			Curaçao		
			Samoa Americana		
			Haiti		
			Tonga		

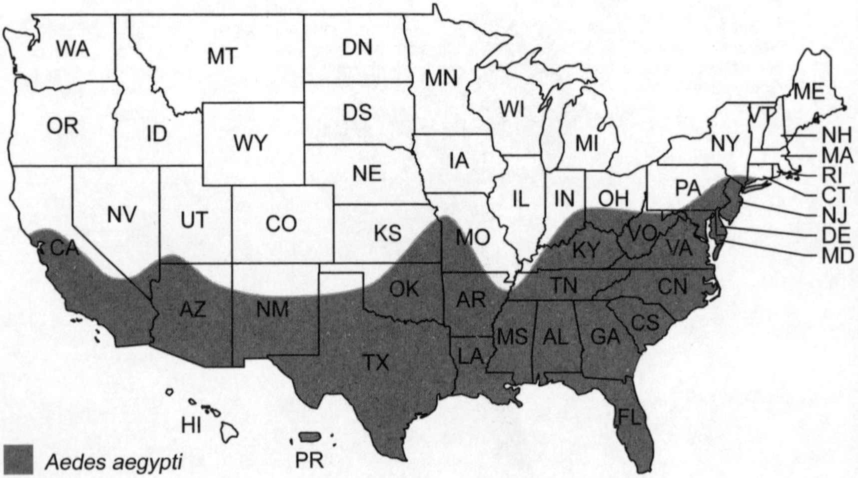

Alcance estimado do *Aedes aegypti* e *Aedes albopictus* nos Estados Unidos em 2016. Redesenhado a partir de um mapa dos Centros de Controle e Prevenção de Doenças (também conhecido pela sigla em inglês CDC).

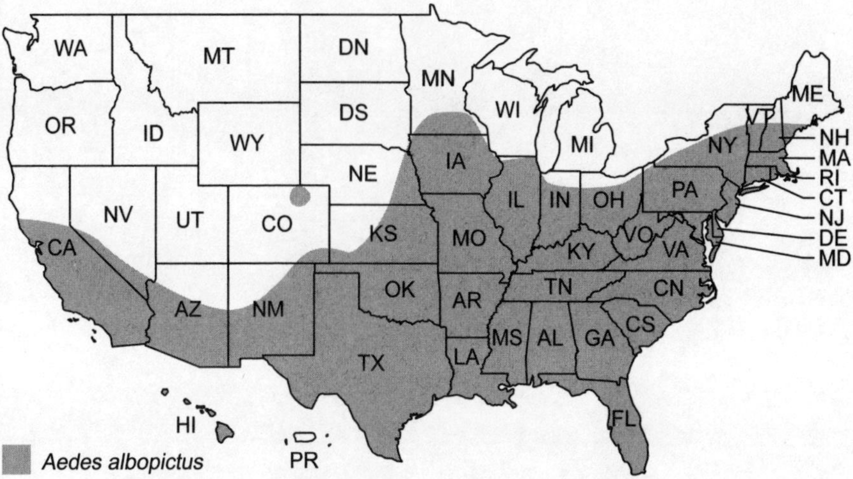

WA
MT
DN
MN
ME
OR
ID
WY
DS
WI
VT
NH
MI
NY
MA
IA
NE
RI
PA
IL
IN
OH
CT
NV
UT
CO
NJ
KS
MO
VO
DE
CA
KY
VA
MD
TN
OK
CN
AR
AZ
NM
CS
MS
AL
GA
LA
TX
FL
HI
PR
Aedes albopictus

1

A doença misteriosa

Em agosto de 2015, algo estranho começou a acontecer nas maternidades de Recife, capital pernambucana no Nordeste do Brasil.

"Médicos, pediatras e neurologistas encontraram algo que nunca tínhamos visto antes", disse a professora Celina M. Turchi, especialista em doenças infecciosas da Fundação Oswaldo Cruz, um dos institutos de pesquisa científica mais famosos do Brasil.

"Crianças nasciam com as faces normais até as sobrancelhas, mas não tinham testas", continuou. "Os médicos diziam, 'vi quatro hoje', e 'estranho, eu vi duas'."

Algumas das crianças pareciam mamar bem e não aparentavam estar doentes, disse a dra. Celina. Outras choravam, num gemido agudo esquisito, como se sentissem uma dor constante e não pudessem ser consoladas.

Algumas tinham convulsões, uma após a outra, quando os corpos minúsculos eram devastados por espasmos. Se os acessos duravam muito tempo, interrompiam a respiração e os batimentos cardíacos dos bebês. Alguns deles frequentemente morriam depois de alguns dias. Outros pareciam incapazes de flexionar braços e pernas, e seus olhos saltavam irregularmente, como se não tivessem foco, e talvez não enxergassem nada. Alguns não reagiam a barulhos e pareciam surdos. Outros não conseguiam engolir. Se não recebessem cuidados intensivos e fossem alimentados por meio de tubos nasais logo morreriam.

Quando os médicos, horrorizados, compararam os sinais, perceberam que havia algo que sobressaía ali: muitas das mães relataram que, meses antes, tiveram a *doença misteriosa* cuja manifestação ocorreu, pela primeira vez, nove meses antes em Recife, Salvador, Natal e Fortaleza, capitais do árido Nordeste brasileiro.

Naquela época, a doença não parecia ser grande coisa. Todo mundo apresentava os mesmos sintomas: um exantema rosa que coçava, febre e calafrios, olhos avermelhados, dores de cabeça e nas articulações.

Ainda assim, muitas pessoas haviam procurado clínicas ou atendimentos de emergência porque estavam preocupadas. Os sintomas pareciam o início de algumas doenças conhecidas como possivelmente fatais – a exemplo das primeiras manifestações de malária e febre amarela. Também se assemelhavam com os primeiros sintomas de dengue, uma doença que todos os brasileiros temiam por causa do poder de produzir um ataque duplo: a primeira vez que alguém contraía dengue, se sentia muito mal. A doença, não por acaso, era chamada de "febre quebra-ossos", porque a sensação era de que tinham batido com uma marreta em braços, pernas e pescoço. Apesar disso, o paciente em geral se recuperava. Um segundo ataque, no entanto, poderia matá-lo. Uma segunda infecção – com um tipo diferente entre as quatro variedades de dengue – era muito mais maléfica e tinha o risco de se transformar em febre hemorrágica da dengue. Como acontece com o ebola, as pessoas sangram pelo nariz e pela boca, embaixo da pele e dentro dos órgãos. Ao contraírem febre hemorrágica, normalmente morriam.

O número de casos estava aumentando. Era o ano do poderoso El Niño, com temperaturas e chuvas muito acima do normal. Os mosquitos se reproduziam rápido. O Brasil teve 1,6 milhão de casos de dengue em 2015, quase o triplo do número de doentes em 2014. Todo mundo conhecia alguém que pegara a doença, e quase mil pessoas acabariam morrendo.

A *doença misteriosa,* porém, não tinha sido a dengue. A erupção cutânea, a febre e as dores de cabeça eram desagradáveis, mas não pioravam. Ninguém morria por causa da doença – a menos que já estivesse gravemente doente por outro motivo. Quase ninguém era hospitalizado. E quando as pessoas voltavam do hospital para casa, falavam a seus familiares: "Os médicos disseram que não é grave. Deram remédios para dor de cabeça e falaram que não há cura. Mas afirmaram que vou melhorar em poucos dias. E, mesmo que as crianças peguem a doença, vão ficar bem".

O diagnóstico da doença, frequentemente, estava errado. Os boatos atribuíam o mal a algo de ruim na água. Os médicos achavam que era uma alergia, um parvovírus, ou então rubéola, ou a quinta doença, cujo sinal clássico é a "face esbofeteada" porque dá um tom vermelho-vivo às bochechas das crianças.

Em maio de 2015, quando a Fundação Oswaldo Cruz afirmou finalmente que se tratava de um obscuro vírus africano chamado Zika, o ministro da Saúde em Brasília suspirou aliviado. "O Zika não nos preocupa", disse o então ministro Arthur Chioro aos repórteres. "É uma doença benigna."

Não havia como evitar os mosquitos, por isso um grande número de pessoas contraiu a doença. Todas resmungaram, fizeram piadas, sentiram empatia uma pela outra, mas o mal fazia parte da vida. As coisas podiam ser piores.

E, então, a doença deu sinais de que começava a se dissipar. Quem sofreu por causa dela, parecia não correr riscos novamente. Assim, era provável que todos estivessem imunes.

De fato, era isso o que os médicos diziam. O Zika, atestavam, era como a varíola, a catapora ou o sarampo: uma vez infectado, o paciente nunca mais estaria suscetível ao vírus. É verdade que ele ainda não havia sido estudado por tempo suficiente para que se pudesse ter certeza de que conferia imunidade para a vida toda, mas a proteção parecia ser forte e duradoura. Não era como a dengue, que se revelava mais agressiva na segunda contaminação. Não era como a malária, que se podia contrair ano após ano.

As pessoas pararam de se preocupar.

A essa altura, no entanto, a doença estava em movimento. De seu epicentro no Nordeste do Brasil, estava se deslocando para o oeste, para a Colômbia, a Venezuela e o Suriname, e para o sul, em direção às megalópoles de São Paulo e Rio de Janeiro, a cidade que se preparava para sediar as Olimpíadas de 2016. Não foi emitido nenhum alarme. Os esforços para o controle de mosquitos, aqueles que estavam em andamento, continuaram em ritmo veloz. Comparada com outras doenças causadas por mosquitos – malária, febre amarela, dengue, chikungunya –, esta nova parecia amena.

E então, cerca de nove meses depois que a doença tinha infestado o Nordeste, os bebês começaram a nascer. Bebês com cabeças minúsculas.

Eles deram o primeiro aviso de que a *doença misteriosa* não era absolutamente inofensiva.

2

As origens do vírus

O vírus Zika foi descoberto em 1947, na floresta Zika, em Uganda, num macaco.

Há centenas de vírus obscuros no mundo – pequenas espirais de RNA com nomes como Spondweni, vírus espumoso dos símios e nyong-nyong. Um nefasto da área dos Quatro Cantos do sudoeste americano foi renomeado várias vezes porque os habitantes locais continuavam a levantar objeções a cada nome. O primeiro foi vírus dos Quatro Cantos, depois vírus do Cânion del Muerto, e então vírus de Convict Creek. Agora, é oficialmente vírus Sin Nombre – o termo espanhol para "sem nome".

De vez em quando, um dos vírus salta da obscuridade para as manchetes: ebola, síndrome respiratória aguda grave (SARS, na sigla em inglês), Oeste do Nilo, gripe espanhola, gripe suína, gripe aviária.

Mas o vírus Zika não é comparável a nenhum outro. Como disse a dra. Anne Schuchat, a principal diretora adjunta dos Centros de Controle e Prevenção de Doenças (CDC – Centers for Disease Control and Prevention):

"Quanto mais aprendemos sobre o Zika, mais assustador ele se torna".

É o único vírus transmitido por mosquitos que atravessa sistematicamente a placenta para matar ou deformar bebês. Os cientistas não sabem por que nem como ele consegue atravessar a placenta, quando outros vírus também transmitidos por mosquitos, como os da dengue, da febre amarela, do Oeste do Nilo e da encefalite japonesa, quase nunca são capazes.

O Zika parece ser capaz de atravessar a placenta em qualquer época da gravidez. É também o único vírus, cuja via de infecção se dá por um mosquito, que pode ser transmitido sexualmente.

O mosquito transmissor, o *Aedes aegypti*, conhecido como o mosquito da febre amarela, está em trinta estados americanos, e não em doze, como originalmente se pensava. Um mosquito relacionado, que poderia transmitir o vírus, o *Aedes albopictus*, chamado também de tigre asiático, é encontrado em quase todos os estados – seu alcance nos verões mais quentes atinge parte do Maine e de Minnesota.

"Ziika" – a grafia foi abreviada – significa "grande demais" em luganda, uma das principais línguas de Uganda. A floresta Zika já não é remota. Margeia a rodovia entre Kampala, a capital, e Entebbe, o principal aeroporto do país.

Grande parte da área foi desmatada, por isso ela tem agora menos de um décimo do tamanho do Central Park, em Nova York. Mas em 1936, a Fundação Rockefeller fundou o Instituto de Pesquisa da Febre Amarela em Entebbe, onze quilômetros ao sul da floresta. O local era conveniente e infestado de insetos, além de fazer fronteira com um pântano de papiros.

"Macacos sentinelas" enjaulados ficavam suspensos em seis altas torres. As torres chegavam ao topo das árvores, local em que a população de mosquitos era diferente da que existia no chão da floresta. Os macacos eram baixados diariamente para ser examinados, e suas temperaturas retais eram tiradas e registradas em gráficos.

Sob a ética médica dos anos 1940, era perfeitamente aceitável acorrentar macacos nas árvores para que ficassem doentes ou morressem. (Hoje em dia, todo o trabalho com primatas deve ser aprovado por conselhos de ética.)

Não era ético em 1947 que os cientistas usassem os africanos como isca. Era progresso. Fazendeiros brancos em algumas regiões da África colonial protegiam o gado de doenças transmitidas pela mosca tsé-tsé pagando "os meninos das moscas". As moscas tsé-tsé chocam os ovos perto de rios e são atraídas por cores escuras – inclusive a pele negra. Os rapazes – os meninos das moscas – ficavam parados sem camisa no meio dos arbustos nas margens do rio, matando com palmadas toda mosca que neles pousasse. Ao final do dia, recebiam uma gratificação por toda mosca apanhada. O risco que corriam advinha de que as tsé-tsé são portadoras do parasita da doença do sono, um mal que causa uma morte horrível. Ela é semelhante à raiva; as vítimas podem enlouquecer, atacar as próprias famílias com facões, ter uma sede insaciável mas sentir que o contato da água acaba queimando-as. Somente no final é que entram em coma, o que dá nome à doença, e morrem.

Em 19 de abril de 1947, na floresta Zika, um macaco conhecido como Rhesus 766 teve uma febre de 40 graus, foi baixado de sua plataforma e levado ao laboratório a fim de que extraíssem uma amostra de sangue para exame. Era um macaco asiático, e não africano. Essa foi a provável razão de ter adoecido e de o vírus ter sido descoberto. O Zika circulava entre macacos africanos havia milhares de anos, e eles teriam desenvolvido resistência a esse vírus.

Naqueles dias, não era fácil para os cientistas compreender a doença de um macaco. Não havia máquinas de sequenciamento de DNA. A estrutura de dupla hélice do DNA ainda nem fora descoberta. Tampouco havia microscópios eletrônicos que permitissem aos cientistas a visualização de algo tão pequeno quanto um vírus. (Os vírus são muito menores que as bactérias, vistas com facilidade num microscópio regular.)

Os cientistas relataram que haviam descoberto um "agente filtrável, transmissível" no sangue do macaco. Isso significava que tinham centrifugado o sangue para separar e remover os glóbulos vermelhos, os glóbulos brancos e as plaquetas, e depois introduzido o soro remanescente num filtro de cerâmica com poros minúsculos para remover quaisquer parasitas, como aqueles que causam a malária, e todas as bactérias. O soro era então injetado num macaco sadio. Se esse macaco ficasse doente com sintomas semelhantes, queria dizer que o sangue do primeiro macaco continha um "agente filtrável, transmissível" – provavelmente um vírus.

Mas duas questões mais complicadas tinham de ser respondidas. Era algo novo o que quer que tivesse causado a doença em Rhesus 766, ou apenas um entre as dúzias de outros vírus transmitidos por mosquitos causavam sintomas semelhantes? E como é que se sabia que Rhesus 766 adoecera a partir da picada de um mosquito e não por algo que havia comido ou tocado, ou pela picada de uma mosca ou alguma outra fonte?

Encontrar respostas para essas questões levou cinco anos. Os três cientistas que realizaram o trabalho – Alexander J. Haddow e Stuart F. Kitchen, da Fundação Rockefeller, e George W. A. Dick, do Instituto Nacional de Pesquisa Médica em Londres – só publicaram os resultados em 1952.

A pesquisa consumiu milhares de camundongos albinos – "Camundongos suíços de Carworth Farms, Nova York", segundo o texto original, publicado na revista *Transactions of the Royal Society of Tropical Medicine and Hygiene*. Todos os camundongos usados nas experiências tinham entre 35 e 42 dias. Criá-los e alimentá-los, e manter o controle de seu tempo de vida, era uma tarefa que consumia muito tempo.

O primeiro obstáculo foi que o vírus Zika não causava naturalmente a doença nos camundongos. Quando o soro de um macaco doente era injetado em seu abdômen, nada acontecia.

Mas se uma quantidade diminuta fosse injetada no cérebro, alguns camundongos se tornavam um pouco doentes. O vírus era "neurotrópico", isto é, se intrometia nas células nervosas, inclusive nas células do cérebro.

Assim, os cientistas tiveram de começar a "realizar a passagem" do vírus para uma série de camundongos. Eles pegavam o cérebro do primeiro camundongo a ficar doente, maceravam o tecido cerebral, diluíam o macerado em solução salina, centrifugavam e filtravam o resultado, para então injetar parte disso no cérebro de outro camundongo, e esperavam o tempo que fosse necessário para esse camundongo adoecer. Repetindo esse processo dezessete vezes, forçavam o vírus a "se adaptar" para crescer em camundongos. No final, tinham algo que podiam injetar com segurança em camundongos, sabendo que adoeceriam e provavelmente morreriam. Já não era o vírus Zika puro do "tipo selvagem", que na floresta era passado de macaco a macaco pelos mosquitos. Mas era algo aproximado – e funcionava num modelo animal.

Para ter certeza de que o Rhesus 766 havia contraído o vírus de um mosquito, os cientistas precisaram fazer uma série paralela de experimentos. Outras armadilhas nas mesmas plataformas apanhavam centenas de mosquitos. Esses mosquitos tinham de ser separados manualmente por espécie para os testes. Depois, lotes de mosquitos *Aedes africanus* eram resfriados até a morte, moídos, diluídos, centrifugados e filtrados para produzir um "sobrenadante", um extrato que os pesquisadores esperavam que conteria muitos vírus das tripas e das minúsculas glândulas salivares de alguns dos mosquitos do lote, vírus capazes de deixar um macaco e/ou um camundongo doente.

Um lote de 86 mosquitos apanhados em 12 de janeiro de 1948 – mais tarde conhecido como lote E/1/48 – conseguiu fazer a mágica. Deixou os camundongos bem doentes.

Depois disso, uma longa série de experimentos foi realizada em paralelo para mostrar que o agente filtrável tirado do sangue do Rhesus 766 e o agente filtrável do lote E/1/48 eram o mesmo, e que não se tratava de nenhum vírus previamente conhecido.

Isso foi comprovado pelo teste do vírus desconhecido contra o "soro convalescente", isto é, contra qualquer componente mágico existente no sangue de macacos que os cientistas tinham deliberadamente adoecido injetando neles o vírus – e que depois haviam se recuperado.

O Rhesus 766 não morrera em decorrência do Zika. Tinha melhorado, por isso os cientistas sabiam que o sangue tirado dele um mês mais tarde precisava conter algum agente desconhecido que havia "neutralizado" o vírus.

Agora sabemos que esse agente nada mais é do que um anticorpo – pequena proteína em forma de Y que adere ao vírus, fixando-se em seus invólucros externos.

Os invólucros externos dos vírus – chamados de envelopes – têm espinhos que se encaixam, como chaves em fechaduras, em receptores na superfície das células. Os vírus do resfriado e da gripe, por exemplo, têm espinhos que se encaixam perfeitamente nos receptores externos das células que forram o nariz humano.

Os vírus têm muitas formas. O vírus longo e filamentoso ebola é um filovírus, de *filum*, a palavra latina para "fio". O causador de SARS, coberto de espinhos, é um coronavírus, da palavra latina para "coroa" ou "halo". Zika é um flavivírus, e essa família recebeu tal nome por causa de seu membro mais famoso, o vírus da febre amarela, que torna as vítimas amarelas por icterícia. *Flavus* é a palavra latina para "amarelo".

Há mais de setenta flavivírus, inclusive os da dengue, Oeste do Nilo e encefalite japonesa; a maioria é disseminada por mosquitos ou carrapatos. Sob um microscópio eletrônico, todos parecem pequenas bolas ou esferas, mas, numa visão mais detalhada, revelam-se polígonos de vinte lados chamados de icosaedros. Lembram enfeites natalinos sinistros. Dentro de cada enfeite oco está a carga explosiva – um filamento de RNA, com cerca de 10 mil nucleotídeos de comprimento, que o vírus injeta na célula no momento em que a invade.

O RNA se transforma em DNA e sequestra o mecanismo interno que toda célula usa para copiar seu próprio DNA e criar novas células. Como alguns comandos invadindo uma cidade e transformando a fábrica de automóveis numa fábrica de bombas, o vírus faz milhares de cópias de si mesmo. Por fim, a célula explode, e os vírus são liberados para atacar outras células, espalhando a doença.

Uma parte da resposta imunológica é uma série de glóbulos brancos que "engole" e "inspeciona" cada novo vírus que entra no organismo. As células medem a forma dos espinhos dos vírus e geram milhões de novos anticorpos que se ajustam perfeitamente a essa forma. Quando há anticorpos suficientes, e os espinhos de cada vírus estão cobertos com os anticorpos condizentes, os vírus não podem se ligar a novas células e fazer novas vítimas. A infecção morre aos poucos. Então, o paciente se recupera. Os anticorpos permanecem no sangue por semanas, passivamente de guarda.

Os cientistas tinham, portanto, algo do Rhesus 766 com que podiam matar um camundongo, e algo mais que se adaptava a esse processo, para neutralizá-lo e, assim, salvar o camundongo.

Começaram a pedir que colegas cientistas lhes enviassem amostras de outros vírus e de anticorpos que os neutralizavam.

Vários laboratórios da Fundação Rockefeller atenderam ao pedido. E também Albert Sabin, um pesquisador de vírus em Cincinnati, mais tarde famoso por sua vacina contra a poliomielite. Outras amostras vieram da Welcome Veterinary Research Station [Estação de Pesquisa Veterinária Welcome] em Frant, Inglaterra, e do Virus Reference Laboratory [Laboratório de Referência de Vírus] em Londres.

Eles começaram a testá-las em camundongos.

Se, por exemplo, as amostras infectavam um camundongo com febre amarela, e o anticorpo desconhecido não o salvava da morte, então o anticorpo não era para febre amarela. Para fazer uma verificação cruzada dos dados, os pesquisadores infectavam outro camundongo com o vírus desconhecido, e se o anticorpo da febre amarela não o salvava, o vírus desconhecido não era o da febre amarela.

O experimento teve de ser feito em muitos camundongos em vários graus diferentes de intensidade, porque os estudiosos não estavam seguros de quantos anticorpos eram necessários para neutralizar os vírus.

Como os camundongos às vezes morriam espontaneamente, o experimento tinha de ser feito em lotes de seis camundongos, e o número de camundongos mortos precisava ser contado, para que o elemento do acaso fosse excluído. Em teoria, se eles infectavam seis camundongos com febre amarela e lhes davam anticorpos de febre amarela, todos os seis permaneciam vivos. Se recebiam um anticorpo mal adaptado, todos os seis morriam. Outro ponto importante era verificar a relação entre a dose e a resposta. Se uma solução muito diluída matava apenas um dos seis, mas uma solução forte matava todos os seis, os pesquisadores deviam estar no caminho certo.

Quando tudo estava terminado, eles foram capazes de dizer que o vírus desconhecido não era o da febre amarela, nem o da dengue, nem o do Oeste do Nilo, nem o da encefalite oriental, ocidental, japonesa ou de St. Louis, nem o da encefalomielite ovina (*louping ill*), nem o vírus Canfield B, nem o vírus Ilhéus, nem o da coriomeningite linfocitária, nem o vírus Bunyamwera, nem o vírus da floresta Semliki, nem o vírus Ntaya ou o da febre Bwamba.

"Até agora não registrado", diziam, e, portanto, fizeram uma nova descoberta. Eles o batizaram de Zika.

Nos 60 anos seguintes, até 2007, mal se ouviu falar do vírus. Durante todo esse tempo, apenas catorze infecções humanas ativas foram descritas.

A primeira foi em 1952, pelas autoridades de saúde britânicas que investigavam um surto de icterícia na Divisão Afikpo da Nigéria Oriental, então colônia britânica.

A infecção acometeu "uma africana de 10 anos". Ela foi levada a uma clínica porque tinha febre e dor de cabeça. Não estava ictérica, mas acusava uma temperatura de 38,2 °C.

Os outros dois pacientes que fizeram parte do estudo eram homens, de 24 e 30 anos. Os dois tinham anticorpos para o Zika, mas não o vírus; apenas a menina apresentava alguma coisa em seu sangue que fazia os camundongos adoecerem.

Por meio de uma versão abreviada dos testes com camundongos feitos no primeiro trabalho, mostrou-se que ela não tinha febre amarela, Oeste do Nilo, Bunyamwera, Bwamba, Ntaya, Mengo e assim por diante – ela estava infectada pelo Zika.

O autor do estudo que descreve a primeira infecção humana por Zika foi Francis N. Macnamara, diretor executivo do Instituto de Pesquisa de Vírus de Yaba, na Nigéria. Durante o período colonial, pesquisas da mais elevada qualidade em medicina tropical foram realizadas por cientistas britânicos, franceses e belgas, grande parte para manter a mão de obra africana viva e as tropas da potência colonizadora saudáveis. O instituto de Macnamara foi a base para o Instituto Nigeriano de Pesquisa Médica, em Yaba, um subúrbio de Lagos, a capital financeira do país. Macnamara observava que o sangue da menina "continha inúmeros parasitas da malária", mas assegurava aos leitores que "na África tropical, a infecção com mais de um patógeno é regra em vez de exceção", e que seus testes não foram confundidos pela presença da malária.

Noticiou-se que a menina de 10 anos estava "completamente recuperada seis semanas mais tarde". Assim, nem o Zika nem a malária eram fatais. Isso não é surpreendente; mesmo hoje, nas zonas rurais da África em que impera a malária, as crianças que sobreviveram ao seu quinto aniversário tiveram tantas vezes a doença que são, em grande parte, imunes. O vírus causa apenas uma febre debilitante.

O estudo do dr. Macnamara era parcialmente equivocado. Ele estava investigando um grande surto de icterícia, por isso seu principal interesse era verificar se o Zika provocava ou não icterícia. (Em geral não causa – a pobre menina foi envolvida por acaso numa investigação do que era provavelmente uma doença bem diferente.)

Mas o estudo continha alguns apartes muito interessantes.

Nota-se que a cepa encontrada na Nigéria "tornou-se adaptada aos camundongos com mais presteza" do que a cepa original encontrada em Uganda. Macnamara especulava que isso se devia ao fato de que a cepa de Uganda foi encontrada numa floresta, "enquanto a cepa nigeriana estava provavelmente bem adaptada ao homem".

O estudo também menciona, apenas de passagem, um conjunto de exames de sangue que o instituto de Yaba aplicou nos residentes da cidade de Uburu. Entre os 84 testados, cinquenta tinham anticorpos para o vírus Zika.

A primeira infecção deliberada de um humano com Zika foi noticiada em 1956. Foi num voluntário descrito como "um europeu de 34 anos que residiu na Nigéria por um período de quatro meses e meio antes da inoculação e não tinha contraído nenhuma infecção conhecida durante esse período". Em outras palavras, era um novo pesquisador no laboratório do dr. Macnamara, William G. C. Bearcroft, que decidiu se infectar.

Depois de marcar o local em seu braço esquerdo com um lápis indelével, ele injetou "material da passagem da cepa do vírus Zika da Nigéria Oriental pelo cérebro do 6º camundongo (Macnamara, 1954), que tinha sido preservado em ampolas seladas e em estado dessecado a uma temperatura de -50 ºC, por um período de dois anos".

Bearcroft teve uma leve dor de cabeça, febre baixa – e nada de icterícia. Ele também deixou que mosquitos

Aedes aegypti se alimentassem com seu sangue e mais tarde com o sangue de camundongos, esperando que transmitissem o vírus. Muitos dos mosquitos morreram por razões desconhecidas, e nenhum dos camundongos contraiu o vírus.

Na medicina, há muitos casos de pesquisadores que aplicam testes em si mesmos. Os conselhos de ética modernos franzem a testa para a prática, mas algumas descobertas importantes têm sido feitas dessa maneira. Neste caso, o dr. Bearcroft não aprendeu muita coisa, salvo o fato de que o Zika provavelmente não causava icterícia.

A icterícia, ocasionada pelo aumento da bilirrubina – indicativo de dano ao fígado –, era importante por ser o sinal clássico da febre amarela, uma doença perigosa. Relatar que um paciente tem icterícia (a palavra inglesa *jaundice* vem de *jaune*, o termo francês para amarelo) significa literalmente que a pele e a parte branca dos olhos se tornaram amareladas.

Em 1964, outro pesquisador, desta vez um europeu de 28 anos que havia passado apenas dois meses e meio na África, argumentou que a menina e Bearcroft provavelmente nunca foram infectados pelo Zika, mas antes pelo Spondweni, um vírus relacionado. Ele afirmava *ser* a primeira pessoa capaz de descrever cientificamente os sintomas do Zika, porque acabara de ter a doença. Ele era David I. H. Simpson, que havia sido aluno do dr. George W. A. Dick, quando este lecionava microbiologia no Royal Victoria Hospital em Belfast, na Irlanda do Norte. Dick o encorajou a trabalhar no exterior, e ele foi para o Instituto de Pesquisa de Vírus da África Oriental em Entebbe, Uganda (nome posterior do Instituto da Febre

Amarela da Fundação Rockefeller). Simpson dizia ter contraído Zika durante seu trabalho com o vírus no laboratório de Entebbe, no qual tinha acabado de ingressar.

Um dado interessante é que ele foi o único a desenvolver o sinal mais característico do Zika: "um exantema maculopapular rosa difuso" no torso, no rosto e nos antebraços que durou cinco dias, espalhando-se finalmente por todo o corpo. Ele classificou a doença como "amena".

Depois dessa lufada de interesse, o vírus aparece apenas esporadicamente na história médica até 2007. Entre 1960 e 1983, foram detectados casos na República Centro-Africana, no Gabão, no Senegal, na Costa do Marfim, em Camarões e em Serra Leoa. Em algum ponto – talvez na década de 1960, talvez mais cedo – o vírus passou para a Ásia. Foi identificado na Malásia em 1969 e no Paquistão e na Indonésia já em 1977.

Nos últimos tempos, uma cepa começou a cruzar o Pacífico. (Mais tarde o sequenciamento genético determinou que se parecia muito com uma amostra do Camboja de 2010, mas eram feitas tão poucas amostragens naquela época que não há garantia de que o Zika tenha começado nesse país. Há muito mais tráfego aéreo entre o sul do Pacífico e outros lugares, como a Indonésia.)

Por que o vírus não foi mais estudado?

Por que não causou surtos de microcefalia durante esse tempo?

A primeira pergunta tem várias respostas.

O Zika não foi estudado porque raramente era diagnosticado. Os sintomas se pareciam com os de outras doenças mais graves, especialmente a dengue. Essas doenças circulavam no mesmo país, por isso um médico, ao ver erupção cutânea e febre, dava de ombros e dizia: "É dengue, mas amena. Você está com sorte". Não havia motivo para colher e enviar uma amostra – nem para onde enviá-la. Nenhum laboratório fazia rotineiramente testes de Zika. Os laboratórios modernos precisavam de "iniciadores" para as máquinas PCR, um termociclador para amplificar o DNA. Os iniciadores são sequências curtas de metade da "escada" do DNA que casam com as outras metades que estão passando pela máquina. Para testes de rotina, há vários tipos de iniciadores disponíveis. Para vírus extremamente obscuros, um laboratório teria de criar seu próprio iniciador.

Além disso, o Zika nunca foi considerado importante. Todo mundo achava que ele não matava as pessoas nem sequer as levava ao hospital. A escassa literatura médica sobre o Zika descrevia a doença como leve em humanos. Tampouco causava dano a quaisquer animais de criação, como frangos, vacas, porcos ou até mesmo camelos.

Na busca de financiamento para as pesquisas, um virologista especializado em Zika tinha dificuldade para conseguir subsídios, enquanto aqueles que estudavam as gripes aviárias viam os dólares rolarem para seus projetos por causa da ameaça à indústria avícola e, mais tarde, pela possibilidade de a gripe aviária causar a morte de milhões de pessoas. (O pânico de uma década atrás por causa da gripe aviária acabou. Não há ameaça.) Isso gera uma grave desmotivação, e há muitos vírus órfãos que são conhecidos mas não estudados.

Como mostravam as primeiras pesquisas, o Zika era difícil de comprovar, porque não havia modelo animal confiável. Criaturas pequenas, dóceis e de reprodução rápida, como camundongos, ratos, gerbos e coelhos, são ideais, mas nem sempre cooperam. O melhor modelo para a gripe humana, bem estranhamente, vem a ser os furões; as gripes humanas seguramente fazem com que percam peso, tornem-se letárgicos e às vezes morram. Mas os furões vivos – grandes fuinhas peludas – são rápidos, bravos e famosos por sua mordida ferina.

Os macacos pegam Zika, mas nem sempre adoecem por causa do vírus. E os macacos têm enormes inconvenientes como modelos animais: são caros, exigem muitos cuidados e alimentação, mordem, atiram fezes e são suficientemente espertos para notar a falta de um fecho ou uma tranca aberta e assim escapar. São também adorados pelos ativistas dos direitos dos animais, que podem realizar ataques para libertá-los. Além disso, os macacos apanhados em ambiente selvagem podem ter doenças imprevisíveis que infectam outros primatas, inclusive os humanos. Em 1989, um lote de macacos cinomolgos (*Macaca fascicularis*, também conhecidos como comedores de caranguejos), transportado das Filipinas para Reston, na Virgínia, revelou ter um parente do vírus ebola, que pulava de macaco a macaco no biotério, também contraído por um tratador que se cortou ao trabalhar com os animais. Para a sorte de todos no laboratório – e possivelmente para todos nos Estados Unidos – esse parente viral não era letal aos humanos. Conseguiram acabar com o surto matando todos os macacos, esterilizando o prédio e depois demolindo-o. É agora conhecido como vírus de Reston.

Haddow, Kitchen e Dick haviam desenvolvido um modelo de camundongo por meio de uma complicada "passagem serial" por muitos camundongos. "Passagem" é uma técnica comum em virologia. Por exemplo, os "espinhos" das vacinas para a gripe humana foram criados pela passagem dos vírus da gripe humana através de muitas gerações de embriões de pintos fetais. Quando os vírus são adaptados para crescer em pintos, já não se reproduzem facilmente em humanos – e podem ser desenvolvidos em ovos de galinha. Todos os anos, milhões de ovos de galinha fertilizados são empregados para desenvolver vacinas contra a gripe. Uma questão crucial para os fabricantes de vacina a cada ano é se terão um número suficiente de galos para fertilizar os ovos. Galos já velhos mas ainda lépidos, destinados a acabar em prateleiras de supermercado como produtos de carne moída de aves, conseguem um adiamento da sentença de morte, porque são convocados a desempenhar uma tarefa vital para a indústria das vacinas.

Mas um vírus que surge no final de uma longa série de passagens por vários camundongos e que ataca as células nervosas desses animais já não é o mesmo vírus que infecta macacos e humanos. Os cientistas só podem esperar que qualquer descoberta que fizerem – qualquer droga capaz de eliminar o vírus naqueles camundongos, por exemplo – vá também funcionar em humanos.

Somente em 2016 é que os cientistas conseguiram produzir modelos de camundongos propícios para testar o Zika. Hoje, existem à venda muitas variedades de camundongos geneticamente alterados – camundongos que desenvolvem sistematicamente sintomas da doença de Parkinson, esclerose múltipla ou Alzheimer, por exemplo. Eles são variantes dos primeiros "camundongos knockout". Diversos genes em seu DNA foram "nocauteados" ou silenciados.

Em março de 2016, pesquisadores no Departamento Médico da Universidade do Texas, em Galveston, anunciaram a descoberta de que um conjunto de camundongos comercializados conhecidos como AQG129, que não têm os genes para preparar uma resposta imune com base em interferon, sucumbiu ao Zika. Notadamente, o vírus matava os camundongos fetais mas não os adultos, o que tornava seu efeito paralelo ao observado nos humanos. Foi descoberto concentrado nos cérebros, da mesma forma que nos fetos humanos. Estava também concentrado em seus testículos, como se suspeitava que acontecesse em homens adultos. Isso os tornava um bom modelo, embora fosse provável que outros seriam descobertos, admitiam os pesquisadores.

Quanto à razão por que o vírus circulou por décadas sem causar microcefalia só é possível conjeturar.

Na África, a resposta é fácil. O vírus circulava ali por séculos. Os exames de sangue de Uburu mostravam que dos 84 residentes testados, 60 por cento tinham sido infectados pelo vírus. As crianças na maior parte da África são picadas por milhares de mosquitos ao longo de seu crescimento. Se apenas algumas dessas picadas tivessem o Zika em vez do vírus da malária, as crianças pegariam a doença, se recuperariam e ficariam imunes. Se a maioria das meninas, como a de 10 anos na Divisão Afikpo, se tornasse imune antes do início dos anos férteis, nunca passaria o vírus para seus bebês.

A razão de nunca ter causado microcefalia na Ásia ainda é um enigma.

Não se sabe ao certo por quanto tempo circulou ali. Tampouco se sabe se havia outros fatores, como um surto prévio de dengue, que predispõe algumas mulheres a infecções mais perigosas.

Outra resposta possível é que o vírus tenha realmente causado microcefalia – mas ninguém percebeu. Sempre houve crianças microcéfalas na Ásia, como em todo e qualquer lugar, porque a anomalia tem muitas causas. Algum grau dessa malformação ocorre entre um em 5 mil e um em 10 mil nascimentos. Durante a gravidez, as mães podem ser infectadas pela primeira vez com *Toxoplasma gondii* (uma bactéria encontrada nas fezes de gatos, razão por que se recomenda que grávidas evitem as caixinhas de areia dos gatos), com citomegalovírus, herpes ou sífilis. A anomalia também pode resultar da síndrome de álcool fetal, do abuso de drogas, da exposição a alguns venenos industriais ou agrícolas, ou de subnutrição grave da mãe. E pode ser causada por genes, como os que causam a síndrome de Down.

Uma explicação provável talvez seja a de que *houve* grupos de casos ao longo das décadas, mas eram atribuídos à rubéola – o sarampo alemão. Em populações não vacinadas, as epidemias de rubéola crescem e diminuem. O vírus se dissemina por uma população, infectando a todos e causando estragos, mas criando imunidade em massa, e depois desaparece por uma década ou mais. Só consegue retornar depois que nasceram novas vítimas, em número suficiente para sustentar uma nova epidemia. É por isso que na era pré-vacina as doenças altamente infecciosas eram chamadas de doenças de criança. A maioria dos adolescentes e adultos já as havia tido. Às vezes, os intervalos entre as epidemias eram longos o suficiente para que muitas mulheres jovens entrassem nos anos férteis sem proteção, como ocorreu nos Estados Unidos em 1964, ano em que houve muitos defeitos de nascença.

Até surgir o grande empenho em vacinar as crianças mais pobres do mundo nos últimos quinze anos – graças em grande parte à Fundação Bill e Melinda Gates e à generosidade dos contribuintes americanos e europeus –, as epidemias de doenças da infância como a rubéola e o sarampo eram muito mais rotineiras nos países pobres do que são agora.

O Zika pode atingir qualquer um, mas é mais provável que atinja a população mais carente, que vive em favelas com esgoto a céu aberto e pilhas de lixo acumulando água da chuva, onde os mosquitos se reproduzem. É também mais plausível que sejam expostos a outras causas da microcefalia: não ser vacinado contra a rubéola, viver onde perambulam gatos selvagens, ser envenenado por produtos químicos industriais em favelas que surgem perto de fábricas, estar gravemente subnutrido.

Além disso, é menos esperado que mulheres carentes deem à luz em hospitais. Parir em casa é uma tradição forte na Ásia. Mesmo hoje, na Índia, em Bangladesh, no Paquistão e em outras cidades, muitas mulheres sofrem pressões familiares para ter o filho em casa com uma parteira tradicional. Ir ao hospital pode ser visto pelos avós como curvar-se a uma tradição médica ocidental, estrangeira. E custa dinheiro. Mesmo nos hospitais públicos, médicos e enfermeiras se sustentam com salários baixos, e as farmácias estão frequentemente vazias. Não é incomum em países pobres ver uma fila de pequenas barracas de remédios fora dos portões dos grandes hospitais. Vendem os remédios que o hospital não tem. Uma enfermeira sabe do que um paciente precisa, sai para comprar o remédio, e cobra do paciente. Assim, uma moça em Bangladesh pode ser pressionada a defender a cultura de seu país e economizar o dinheiro da família parindo sobre uma esteira no chão.

Os bebês microcéfalos nascidos em casa nem são contados. Sem cuidados intensivos, alguns morrem rapidamente. Muitos dos que sobrevivem podem ser escondidos por vergonha – medo de que signifiquem que alguém na família enfureceu os deuses, por exemplo. O grupo de casos no Brasil foi percebido porque ocorreu em enfermarias de hospitais. Maior país da América do Sul, o Brasil ainda tem uma economia emergente. Conta com alguns hospitais de primeira classe, e até famílias mais carentes, e especialmente as mais tradicionais, já ouviram falar que o desfecho, tanto para mães como para bebês, é mais bem-sucedido em hospital do que dar à luz no chão de casa. Por isso eles procuram os hospitais.

Em algum ponto – ninguém sabe ao certo quando e onde – o Zika escapou da Ásia. Passaria os poucos anos seguintes pulando de ilha em ilha pelo Sul do Pacífico, como os fuzileiros navais na Segunda Guerra Mundial, mas em sentido contrário.

3

Em movimento

A primeira vez que o Zika foi observado fora da África e da Ásia foi em 2007, quando Thane Hancock, um médico de família que trabalhava para o Departamento dos Serviços de Saúde de Yap – uma das Ilhas Carolinas no Pacífico Ocidental –, enviou um e-mail para o CDC em Atlanta pedindo ajuda. Cerca de quinhentos ilhéus de Yap, dizia Hancock, haviam adoecido em decorrência de algo que parecia dengue branda, mas que não se mostrava positivo nos kits de teste de dengue à disposição na ilha.

Yap tinha meros 7 mil habitantes, por isso quinhentos casos constituíam um grande surto.

Yap é parte dos Estados Federados da Micronésia. Na Segunda Guerra Mundial, eles serviram de base para um grupo de bombardeiros e cerca de 6 mil tropas japonesas, e a Marinha dos Estados Unidos bombardeou as ilhas várias vezes. Com a rendição do Japão, os Estados Unidos se apoderaram das ilhas, que se tornaram independentes em 1986, mas assinaram um Acordo de Livre Associação com os Estados Unidos. Não são um território como

Porto Rico ou Guam, mas ainda há uma vaga ligação com os Estados Unidos, por isso quando precisaram de ajuda recorreram ao CDC.

O e-mail chegou no final de maio e foi encaminhado ao Serviço de Inteligência Epidêmica. O EIS (sigla em inglês de Epidemic Intelligence Service) é uma divisão de elite dos detetives das doenças do CDC, cuja competição para ingressar na turma anual de 75 estagiários é dura. Seu símbolo é um globo com uma sola de sapato sobreposta a ele, e a sola está gasta e furada, como a de um detetive a quem nada deterá. O serviço investiga cerca de cem surtos por ano – desde *E. coli*, que mata consumidores de fast-food no Meio-Oeste, a erupções cutâneas numa ilha a meio mundo de distância.

Em 13 de junho, o tenente-coronel Mark Duffy, epidemiologista da Força Aérea designado para a divisão de doenças infecciosas transmitidas por vetores, e o dr. Tai-Ho Chen, oficial médico do departamento de Atribuições de Campo do EIS, chegaram a Yap. Logo começaram a ver os pacientes nas cinco clínicas da ilha e enviaram amostras para o laboratório de arbovírus da agência em Fort Collins, no Colorado.

A dengue continuava a parecer a explicação mais provável, disse o dr. Duffy mais tarde, até que os resultados saíram em 22 de junho. Era algo novo no Pacífico, que nunca antes havia causado um grande surto: o vírus Zika.

Isso deixou todo mundo de olhos arregalados. A escassa literatura existente o descrevia como um vírus africano. A Ilha Yap fica *muito* distante da África, por qualquer rota.

A equipe ganhou novos integrantes – sete americanos e um do Instituto Pasteur da França. Eles passaram as seis semanas seguintes na ilha.

"Trabalhamos num clima quente e úmido pontuado por aguaceiros diários", escreveu mais tarde o dr. Chen para o *EIS Bulletin*. "Completamos as atividades de pesquisa em domicílios apesar das chuvas e dos ventos fortes da tempestade tropical Man-Yi (mais tarde um tufão categoria 4 ao atingir o Japão). Lembranças memoráveis incluem a equipe comendo um peixe do recife apanhado por Mark, bebendo cerveja fermentada em casa e escutando nosso entomologista francês tocar ukulelê e cantar 'Drunken sailor' [Marinheiro bêbado]."

Como as autoridades britânicas na Nigéria, o CDC fez um levantamento sorológico. Os levantamentos sorológicos são como as pesquisas de opinião: pega-se uma amostra representativa da população, realizam-se encontros com as pessoas selecionadas e mergulha-se profundamente nos dados que fornecem. Mas depois de fazer muitas perguntas, as respostas são checadas com o exame de sangue dos entrevistados.

A equipe visitou 170 domicílios com o intuito de perguntar sobre sintomas recentes na família, coletar sangue, tomar notas sobre o ambiente da casa (se havia água parada e tela nas janelas, por exemplo) e capturar mosquitos. Visitou também hospitais e clínicas de toda a ilha, para colher registros e entrevistar médicos.

A epidemia, compreenderam os cientistas, tivera um pico em maio, exatamente quando o dr. Hancock pediu ajuda. No total, durou apenas cinco meses. Mas ao examinar o sangue em busca de anticorpos e observar quem tinha relatado os sintomas, eles se tornaram os primeiros cientistas a compreender a dinâmica de uma epidemia de Zika numa população "naïf" – em que ninguém estava imune.

Eles calcularam que 73 por cento dos habitantes da ilha contraíram a doença nessa janela de cinco meses. Em agosto, havia terminado. Os casos desapareceram, e não houve outra epidemia em Yap desde então – presumivelmente porque a imunidade em massa é bastante alta. Quase todo mundo é imune, por isso, ainda que uma pessoa não imunizada a trouxesse de volta, não haveria um número suficiente de pessoas suscetíveis ao Zika para dar início a um novo surto.

Quatro entre cinco dos que tiveram a doença jamais souberam disso. Não apresentaram sintomas.

E o Zika tinha sido universalmente brando. Ninguém ficara gravemente doente. Ninguém morrera.

"Nosso sistema de saúde está funcionando bem", disse o dr. Hancock ao repórter da Reuters que telefonou de Hong Kong. "Não ficamos sobrecarregados por grande número de pacientes procurando assistência."

O próximo surgimento do vírus seria um pouco diferente.

Não se ouviria falar do Zika por mais seis anos, e as notícias surgiram num outro ponto no Pacífico a 8 mil quilômetros para o leste: no Taiti, a principal ilha da Polinésia Francesa.

A Polinésia Francesa consiste em 118 ilhas espalhadas por uma área equivalente a dez vezes o tamanho da França. O país inteiro tem uma população de apenas 270 mil pessoas, com cerca de 75 por cento vivendo no Taiti ou na vizinha Moorea.

A Polinésia está muito mais ligada à França do que a Micronésia aos Estados Unidos. Como uma "comunidade ultramarina", ela tem alguma autonomia, mas envia representantes à Assembleia Nacional em Paris e segue sendo patrulhada por tropas e policiais franceses. Beneficia-se dessa conexão de várias maneiras. Uma vantagem é que tem uma rede de vigilância médica impressionante funcionando desde 2009, com cinquenta áreas sentinelas em 25 ilhas diferentes – uma mistura de clínicas públicas e privadas. Os médicos nessas áreas examinam quase um quarto da população, e deles se espera o envio de relatórios semanais a Papeete, a capital. No topo da cadeia estavam o hospital nacional e o Instituto Louis Malardé, que tinha conexões com o Instituto Pasteur em Paris, uma das principais instituições de pesquisa médica do mundo.

Em 7 de outubro de 2013, surgiu o primeiro alerta: clínicas em várias ilhas relatavam uma "explosão" de pacientes com febre, erupções na pele, olhos avermelhados e articulações doloridas e inchadas.

Amostras de sangue começaram a chegar ao Instituto Malardé. Primeiro, suspeitou-se de um novo surto de dengue. Havia quatro cepas de dengue, e os tipos 1 e 3 tinham sido vistos nas ilhas desde fevereiro. Mas Van-Mai Cao-Lormeau, a diretora do laboratório do instituto, tinha dúvidas.

"O Taiti é uma ilha pequena", ela disse ao NPR News [noticiário da Rádio Pública Nacional] mais tarde. "Por isso, no laboratório, tínhamos parentes, família e amigos que ficaram doentes, mas sabíamos que já haviam tido dengue várias vezes."

Até um primeiro ataque de dengue pode ser doloroso, e uma nova infecção com um tipo diferente é, em geral, muito pior. Mas esses casos eram consistentemente brandos. O laboratório da dra. Cao-Lormeau estava bem preparado. Como fazia testes regulares de dengue para a Micronésia, sabia sobre a investigação em Yap e tinha os protocolos de testes de Zika do CDC.

O primeiro domicílio testado para o Zika continha uma residente no Taiti de 53 anos, seu marido de 52 anos e seu genro de 42 anos. Os testes deram negativo para dengue, chikungunya e Oeste do Nilo e "inconclusivos" para o Zika. Mas, pouco depois, o teste de um homem de 57 anos deu positivo. Após esse exame, mais da metade das setecentas amostras seguintes deram positivo, por isso o laboratório parou de se preocupar.

Era oficial: estava acontecendo o segundo grande surto de Zika no mundo.

Essa confirmação, emitida em 30 de outubro, relatava um total de seiscentos casos suspeitos e confirmados de múltiplas ilhas, sugerindo que o vírus havia se espalhado silenciosamente por semanas antes mesmo de a impressionante rede de vigilância da Polinésia Francesa o detectar. Em dois meses, ele havia atingido todas as 76 ilhas habitadas nos cinco arquipélagos extensos que compõem o território.

O dr. Didier Musso, chefe da unidade de doenças emergentes do instituto, informou ao governo local sobre a situação e pediu ajuda a Paris. Mas a resposta foi inicialmente morna. Afinal, o CDC havia descrito o Zika como brando.

Mais tarde, no início de novembro de 2013, aconteceu algo alarmante.

Começaram a aparecer pacientes nos setores de emergência com graus variáveis de paralisia. A maioria dizia ter sentido sintomas do Zika nos últimos quinze dias.

A primeira paciente foi uma mulher de 40 anos, com paralisia parcial em braços, pernas e face. Ela foi tratada com imunoglobulina e, em duas semanas, voltou para casa. Seu sangue foi enviado para um hospital militar na França, que descobriu que, além do Zika, ela tinha anticorpos para todos os quatro tipos de dengue – algumas infecções antigas, outras novas.

A dra. Sandrine Mons, chefe da unidade de terapia intensiva do hospital nacional, reconheceu os casos de paralisia como síndrome de Guillain-Barré. Não era algo inédito – a região tinha três a cinco casos todos os anos, embora tivesse ocorrido um impacto de dez casos em 2010, que fora um grande ano para a dengue. Mas de repente havia dúzias de vítimas.

"Até então todo mundo achava que era uma doença benigna", disse a dra. Mons mais tarde ao *Le Figaro*. "Mas quando os casos de Guillain-Barré continuaram a crescer, as pessoas passaram a ter medo. Tivemos recentemente 42 casos, dezesseis dos quais em terapia intensiva. Aqueles que ficaram quadriplégicos, com os músculos da respiração paralisados, precisaram respirar por meio de ventilação mecânica e ser alimentados artificialmente durante um ou dois meses." Até alguns dos pacientes menos graves tiveram inflamação no cérebro, paralisia parcial persistente da face ou de um lado do corpo e problemas de visão. Um dos pacientes desenvolveu um problema no ritmo cardíaco.

A doença de Guillain-Barré é em geral temporária, mas sempre assustadora. As vítimas costumam se recuperar de uma gripe ou um vírus estomacal, ou então de uma infecção bacteriana, e acham que estão fora de perigo.

É quando começam a sentir que algo está errado – frequentemente apenas um formigamento nas mãos e nos pés e uma sensação de mal-estar. Mas à medida que avança pelos membros, o paciente tem a impressão de que está se tornando pedra. A doença pode parar – ou não. Se atingir o diafragma e as paredes do tórax, o paciente que não for ventilado imediatamente vai morrer, acordado e aterrorizado, fitando o teto.

É uma reação autoimune à infecção anterior, em que o sistema imunológico produz anticorpos que atacam as células nervosas periféricas do corpo. Não há cura. Há dois tipos de tratamento que podem acelerar a recuperação. Se o hospital tiver uma máquina de plasmaférese – ou, durante um surto, um número suficiente dessas máquinas – a "troca de plasma" é efetuada. A máquina tira sangue de uma veia, separa os glóbulos vermelhos, os glóbulos brancos e as plaquetas, e os devolve ao paciente através de outra veia. O plasma claro, que contém os perigosos anticorpos, é descartado. O corpo é forçado a fabricar mais plasma, e, se a força da reação autoimune diminuir, esse novo plasma não terá os anticorpos. A alternativa é o tratamento com imunoglobulina: os pacientes recebem grandes doses de plasma de doadores de sangue saudáveis. Seus anticorpos de algum modo bloqueiam ou neutralizam os perigosos. A terapia com imunoglobulina tem seus riscos, inclusive a transmissão de vírus. Mas se não houver máquina de plasmaférese à disposição, talvez não haja outra saída.

A doença de Guillain-Barré em geral desaparece, mas isso pode levar meses. Algumas vítimas nunca recuperam plenamente o tônus muscular. Outras vivem com dores constantes.

Quatro casos de púrpura trombocitopênica idiopática – uma doença relacionada com Guillain-Barré – foram notificados. Não se lhes deu muita atenção à época, mas essa doença surgiria mais tarde, quando a epidemia atingiu o solo americano.

O centro de reabilitação de Papeete, usado para abrigar alguns pacientes, tinha repentinamente dezoito deles com graves problemas neurológicos e se esforçava para dar conta de todos os doentes.

O pior caso era o de Larry Ly, treinador de futebol de 42 anos, um sujeito grande e de ombros largos. Em 3 de dezembro, ele levou a filha à escola de carro, voltou para casa sentindo-se mal, e deitou-se. Em dois minutos, começando pelos pés, ficou totalmente paralisado, contou mais tarde ao site STAT News. "Eu tive sorte de não ter acontecido quando eu estava dirigindo", disse. Ele lutou para respirar na ambulância, quando foi preciso abrir um furo em seu pescoço para entubá-lo.

Larry ficou na terapia intensiva por oito meses, e ainda estava em reabilitação no início de 2016 para se recuperar da cirurgia que liberou um dos braços – a paralisia prolongada o havia fixado numa determinada posição.

Quando o medo da doença aumentou, o governo passou a pulverizar as cidades com inseticida contra os mosquitos. Depois espalhou-se o boato de que o inseticida, a deltametrina, e não um vírus desconhecido, era responsável pela paralisia. Alguns prefeitos se recusaram abertamente a pulverizar suas cidades. A ministra da Saúde da Polinésia Francesa, Beatrice Chansin, fez um grande alarde visitando pacientes paralisados no centro de reabilitação e dando entrevista coletiva à cabeceira de seus leitos, para dizer que pulverizar as cidades com inseticida era crucial e que a deltametrina era considerada segura pela Organização Mundial da Saúde (OMS). Finalmente, o alto comissariado francês entrou na discussão, lembrando aos prefeitos que, sob a lei territorial francesa, se deixassem de tomar precauções contra "incêndios, inundações, rupturas de diques, deslizamentos de terra, avalanches, ou *epidemias de doença contagiosa*", não seriam protegidos pelo seu status oficial e poderiam ser considerados pessoalmente responsáveis pelos custos médicos das vítimas de suas cidades.

Em abril de 2014, quando a epidemia estava oficialmente terminada, as áreas sentinelas haviam notificado 8.750 pacientes em busca de tratamento. O epidemiologista do departamento de saúde, o dr. Henri-Pierre Mallet, calculava que 32 mil pessoas, ou 12 por cento da população da região, tiveram sintomas de Zika graves o suficiente para justificar uma visita ao médico. Ele concluiu que o vírus havia atingido 66 por cento da população.

O surto já estava em pleno andamento em outubro de 2013, quando foi descoberto. Atingiu o pico em dezembro e tinha caído para quase zero em abril. Nenhum caso havia sido notificado desde agosto de 2014.

A "taxa de ataque" do Guillain-Barré foi considerada como de uma para cada 4.200 infecções por Zika. Isso representa aproximadamente 25 vezes a taxa de incidência mundial, que é de uma para cada 100 mil pessoas por ano.

A típica vítima do Guillain-Barré era do sexo masculino, acima dos 40 anos.

Nenhum dos primeiros relatos mencionava microcefalia, nem problemas específicos para bebês.

Numa entrevista para a revista de notícias francesa *Le Point* em 2016, o dr. Musso foi duro e áspero. Quando solicitara ajuda, disse ele, a Comissão do Pacífico Sul e a OMS haviam enviado especialistas, mas o governo em Paris o tinha ignorado em grande parte. A ajuda veio do Instituto Pasteur e de um hospital em Marselha, afirmou.

"Batalhamos sozinhos para isolar o vírus, desenvolver testes para diagnóstico, gerenciar os pacientes, e enfrentar as primeiras complicações graves e inesperadas", disse ele. "Quando você vive no fim do mundo, aprende a lidar com as dificuldades."

Em 2015, quando o Alto Conselho de Saúde Pública da França havia realizado um encontro de especialistas para emitir recomendações sobre o Zika, o dr. Musso não foi convidado, disse ele. "Francamente", comentou, "as altas autoridades daqui nunca perguntam a opinião das pessoas que estão realmente vivenciando os problemas".

Como resultado, observou, as recomendações, que se aplicavam a muitas ilhas francesas, inclusive às do Caribe, ainda na futura área de circulação do vírus, eram ingênuas: o conselho recomendava testar apenas mulheres grávidas com sintomas. Deveriam ter recomendado testar todas as grávidas, disse ele, pois 80 por cento não terão sintomas, mas podem, ainda assim, estar com a doença.

Do Taiti, o vírus se espalhou rapidamente para outras nações nas ilhas do Pacífico. Nova Caledônia, outro conjunto de ilhas francesas perto da costa da Austrália, foi a primeira. Em 5 de março de 2014, a Ilha de Páscoa, a terra das gigantescas cabeças de pedra também chamada de Rapa Nui, notificou o caso de um menino de 11 anos que nunca estivera fora da ilha. Rapa Nui é um território chileno mas etnicamente polinésio, e um mês antes havia sediado o festival Tapati, o maior evento cultural do Pacífico, de que muitos polinésios franceses participaram. Em 11 de março, as Ilhas Cook, perto da Polinésia, confirmaram um caso.

Mas isso só ganhou atenção mais tarde. Os surtos em ilhas remotas raramente geram manchetes, mesmo no caso inusitado em que são objeto de uma investigação científica, como os de Yap e da Polinésia Francesa. O vírus efetivamente "desapareceu" de novo.

Uma das grandes perguntas não respondidas da epidemia é como ela deu um salto de dispersas nações oceânicas para o Nordeste brasileiro, que se projeta no Atlântico, não tem laços culturais com a Polinésia e está geograficamente muito mais perto da África.

No mapa, o suspeito mais próximo é a Ilha de Páscoa. Está no Hemisfério Ocidental, diretamente ao sul de Salt Lake City. Mas suas conexões aéreas estão voltadas para o Pacífico e o Chile, que ainda não teve um caso da doença, nem se espera que tenha porque seu clima é frio demais para os mosquitos *Aedes aegypti*.

O Brasil nem sequer percebeu que tinha o Zika antes de maio de 2015. O primeiro impulso de muitos brasileiros foi culpar a Copa do Mundo de Futebol, realizada entre junho e julho de 2014. Os estádios em Recife, Natal e Salvador, cidades nordestinas que acabaram no epicentro do surto, haviam sediado alguns jogos. Mas embora a Copa do Mundo tenha atraído turistas de todo o mundo, nenhuma nação do Sul do Pacífico participou do campeonato.

O dr. Musso publicou uma carta sugerindo que uma explicação mais provável era de que o vírus chegara ao

Brasil durante o Campeonato Mundial de Va'a Velocidade, um conjunto de corridas de canoas havaianas realizado no Rio de Janeiro um mês mais tarde, em agosto de 2014. Cerca de 2 mil remadores chegaram para o evento, inclusive equipes da Polinésia Francesa, Nova Caledônia, Ilhas Cook e Ilha de Páscoa.

Em março de 2016, o sequenciamento genético do vírus permitiu que os cientistas construíssem um "relógio molecular" da velocidade com que ele havia passado por mutações ao se espalhar. "Recuando o relógio no tempo", estimaram que o vírus estava no Brasil desde o segundo semestre de 2013.

Outra descoberta deu crédito a essa ideia.

Em abril, pesquisadores na Universidade da Flórida voltaram atrás e examinaram um grande lote de amostras de sangue de um surto de chikungunya no Haiti. As amostras vieram de escolas, e o sangue de três estudantes, entre 6 e 14 anos, deu positivo para o Zika. Os pesquisadores checaram as datas – todas as amostras tinham sido coletadas em dezembro de 2014, o que significava que o vírus estava no Haiti muito antes de ser identificado no Brasil.

Isso não queria dizer que ele havia chegado primeiro lá. Pode ter circulado despercebido no Brasil, no Haiti, e talvez em outros lugares por meses, antes que um conjunto inusitado de circunstâncias produzisse uma explosão no Nordeste brasileiro.

Agora, a teoria predominante é que o vírus foi introduzido durante a Copa das Confederações, um prelúdio para a Copa do Mundo, que também foi realizada no Brasil, mas um ano antes, em junho de 2013. Incluía uma equipe do Taiti, que jogou uma partida em Recife. Essa teoria é um pouco forçada, pois a introdução do vírus teria acontecido quatro meses antes do surto do Taiti ser detectado, e um ano e meio antes da descoberta do vírus em Recife. Mas os vírus são sorrateiros.

Essa não foi a primeira nem mesmo a segunda vez que as vítimas do Zika culparam o futebol pelo seu sofrimento. Quando o vírus varreu a Polinésia Francesa, os boatos apontaram o dedo para a Copa do Mundo de Futebol de Praia, que fora realizada no Taiti em setembro, pouco antes de o surto ser detectado. Uma das dezesseis equipes era do Senegal, diziam, e o Zika era um vírus africano, não? Mas os senegaleses não tinham culpa, porque os testes genéticos feitos mais tarde mostraram que o surto polinésio era praticamente idêntico ao ocorrido em Yap, isto é, descendia da linhagem asiática.

4

O mundo toma conhecimento

O mundo ouviu falar do vírus desconhecido quando ele foi tema das manchetes de jornais brasileiros que mostravam mães aflitas carregando seus bebês com cabeças que não pareciam normais.

Eles tinham bochechas gorduchas e olhos grandes, cabelos escuros nascendo muito próximos à testa. Quem olhava para as fotos, demorava um segundo para perceber que a cabeça dos bebês parecia demasiado grande para seus corpos. Esses bebês lembravam pessoas idosas com seus rostos enrugados.

Mas isso era apenas o aspecto superficial. Bebês podem ser diferentes – nascer com o rosto mais amassado, com uma cor mais amarelada, estrábicos ou até mesmo com a cabeça mais alongada – e mesmo assim ser perfeitamente saudáveis. A luta para passar pelo canal de nascimento pode ser dura para a plasticidade de um recém-nascido.

A consequência real podia ser vista em tomografias computadorizadas, imagens de ressonância magnética e ultrassonografias. Aquelas cabeças minúsculas continham cérebros encolhidos. Às vezes, apenas os lobos frontais – o local da tomada de decisões, da fala, da inteligência, do humor – eram atrofiados, mostrando ventrículos anormalmente grandes e escuros, com espaços internos ocos, que devem se tornar cada vez menores com o crescimento do cérebro. Às vezes, tudo o que restava era o bulbo acima do tronco encefálico, onde residem as funções mais básicas, como a respiração e a digestão. Ao redor havia um espaço em branco preenchido com líquido cefalorraquidiano (LCR, ou líquor). Em geral, o crânio não tinha entrado em colapso completamente, tampouco fora pressionado pelo cérebro em crescimento até atingir o tamanho pleno. E o cérebro era liso, parecendo mais um pequeno fígado, com nenhuma das pregas profundas e fissuras – os sulcos e os giros do córtex cerebral – que todo órgão em crescimento deve desenvolver enquanto dobra sobre si mesmo para acondicionar mais poder pensante num espaço pequeno.

O bebê de cérebro liso poderia ser mais que comatoso: talvez pudesse respirar, piscar, digerir, viver. Mas talvez não pudesse mastigar nem ver a colher ou o peito aproximando-se de sua boca. Certamente nunca caminharia, é provável que jamais engatinharia, talvez nunca fizesse mais do que rolar de um lado para o outro, incapaz de controlar braços e pernas até mesmo para se virar.

Os corredores dos hospitais, lembravam os médicos no Brasil, estavam forrados de mães que lembravam fantasmas. Elas estavam em estado de choque: mudas, sem expressão, desoladas. Algumas eram ainda adolescentes. Outras tinham viajado por longos períodos dentro de um ônibus e eram carentes demais para comprar alimentos, enquanto as horas de espera para ser atendidas se prolongavam.

Um médico do Sul do Brasil, onde não havia ocorrido esse problema, lembrou a visita que fez ao hospital de um amigo em Salvador, sem esperar pelo que presenciou ali: 25 bebês com microcefalia, todos nascidos nos dez dias anteriores. Uma das mães levantou os olhos do rosto de seu filho para perguntar: "Doutor? A cabeça vai crescer, não?".

As imagens de mãe e bebê – normalmente registros de ocasiões felizes, agora uma série de cartões-postais do inferno – tornaram-se a assinatura do Zika.

Em todo o mundo, as mulheres grávidas começaram a se preocupar. E também homens ou mulheres que esperavam, um dia, ter um filho. Eles têm razões de sobra para se preocupar. No momento, pelo menos 298 milhões de pessoas nas Américas vivem em áreas "favoráveis à transmissão do Zika", segundo um estudo recente. O que é uma contagem conservadora, porque, se contarmos quem vive entre o norte da Argentina e o sul do Tennessee – aproximadamente a área de alcance do mosquito *Aedes aegypti* –, chegaremos a mais de 400 milhões de pessoas.

Ao longo do próximo ano, segundo esse estudo cauteloso, mais de 5 milhões de bebês devem nascer. Ainda não se sabe quanto mal o Zika vai causar. A disseminação agressiva a partir do Nordeste do Brasil só começou em 2015, e a maior parte do Hemisfério Ocidental, inclusive os Estados Unidos, ainda não passou por um verão completo com o vírus.

O que poderia acontecer se ele se espalhar amplamente pela África e pela Ásia é um nível bastante diferente de desastre. Por volta de 130 milhões de bebês nascem a cada ano ao redor do mundo.

O Zika existe nesses continentes há décadas, e muitos africanos e asiáticos talvez sejam imunes à doença. As cepas africana e asiática, porém, são diferentes uma da outra; a asiática tem várias subcepas, e os vírus sofrem constantes mutações. O vírus da gripe passa tão rapidamente por mutações que as vacinas contra a gripe devem ser reformuladas a cada ano. O vírus Zika não é tão mutável, mas pode ter mudado o bastante para que a imunidade às antigas cepas não forneça proteção contra a nova.

Um aspecto é tranquilizador: mais de 99 por cento de todos os casos são brandos. A maioria dos adultos, adolescentes e até crianças pequenas que contraem o vírus parecem passar pela experiência ilesas. E também a maioria das grávidas – quer dizer, elas mesmas.

A grande ameaça é para bebês ainda não nascidos. O tamanho dessa ameaça não é conhecido até este momento. A experiência da Polinésia Francesa sugeria que mães com Zika durante a gravidez tinham a probabilidade de um em cem em dar à luz uma criança com microcefalia. Um pequeno estudo no Brasil sugeria que essa probabilidade estava mais próxima de um em três. Mais pesquisas estão sendo feitas.

Depois disso, a maior ameaça parecem estar nas reações autoimunes, sendo a mais conhecida a de Guillain-Barré. Neste momento, julga-se que ela ocorre, durante uma epidemia de Zika, a um índice de vinte a 25 vezes a de incidência normal – isto é, uma vez em cada 4 mil a 5 mil infecções.

Poucas pessoas com outras doenças que podem agravar o quadro, como a anemia falciforme, morreram quando infectadas pelo Zika. Mas não se acredita que o vírus cause danos a todo mundo que tenha comorbidades. O traço falciforme vem da África – onde é uma defesa genética contra a malária –, sendo comum no Brasil e no Caribe, em que muitos são descendentes de escravos africanos. Atualmente, são muito raras as mortes por essa doença que estejam, de fato, relacionadas ao Zika. Tampouco se julga que o vírus cause danos a pessoas cujo sistema imunológico esteja desequilibrado, como aquelas com HIV, as que tomam remédios contra rejeição a órgãos transplantados ou aquelas cuja medula foi temporariamente removida para combater a leucemia.

Mas basta a ameaça aos bebês. O pequeno vírus, transmitido por um mosquito que pode ser esmagado com um dedo, está mudando a rota dos cruzeiros e dos Boeing 737. Está cancelando viagens de casamento e férias familiares. Pôs em risco as Olimpíadas de 2016, e tem abalado ainda mais o já abalado governo do Brasil. O fracasso de outros presidentes em combater o Zika de forma bastante agressiva ainda pode derrubar outros líderes.

Para muitas pessoas o temor pode ser breve: férias canceladas, uma viagem de negócios substituída por um telefonema. Para outras, que vivem em climas tropicais, significará meses de preocupação. Vão se preocupar com cada mosquito que pode ser "o" perigoso. Vão se preocupar com uma infecção latente. Para as grávidas, essa preocupação talvez seja puro terror: ter de se perguntar todos os dias durante nove meses, "O meu bebê está bem? Foi culpa minha? Fiz tudo o que podia para protegê-lo?".

Para mais de 1.400 mulheres no Brasil e em outros lugares no hemisfério esse terror já aconteceu. Elas sabem que seus bebês não estão bem. Que se sobreviverem, precisarão de cuidados especiais a vida inteira, precisarão de atenção noite e dia. Carreiras serão abandonadas, casas serão vendidas, contas bancárias serão esvaziadas; nos Estados Unidos, o custo desses cuidados é estimado em 10 milhões de dólares por criança. Elas conhecem a culpa, o cansaço e a raiva de ter um filho deficiente, e talvez temam que isso vá despedaçar a família. Maridos devastados abandonam mulheres arrasadas, irmãos ressentidos vão se rebelar.

A preocupação da mãe não termina nem mesmo em seu leito de morte: ela pode morrer se perguntando quem vai tomar conta da criança pelo resto da vida. Os encarregados de cuidar da família terão o dinheiro necessário? Terão paciência? Terão força suficiente? E não odiarão sua memória por lhes deixar um fardo tão pesado?

5

Meu primeiro confronto

Escutei pela primeira vez a palavra Zika em setembro de 2015, quando um assessor de imprensa do Departamento Médico da Universidade do Texas me enviou um e-mail perguntando se eu queria entrevistar o diretor científico do Laboratório Nacional Galveston da universidade, dr. Scott Weaver, sobre a chikungunya, um vírus transmitido por mosquitos. Eu conhecia a doença. Seu nome provém da língua maconde, falada na Tanzânia e em Moçambique, e significa "febre que encurva", para descrever a maneira como as vítimas se contorcem de dor. Normalmente não mata, mas a dor que causa pode durar meses. Estava deixando muitos latino-americanos inválidos e tornando as viagens mais arriscadas.

Respondi me desculpando: eu sabia que estava mais que na hora de escrever uma grande matéria sobre a chikungunya, mas eu andava muito ocupado até então.

Era uma desculpa honesta. Como o principal repórter de saúde global do *The New York Times*, devo acompanhar os sinais vitais do mundo e cobrir toda pestilência e praga que apareça, por isso entre minhas preocupações estão a Aids, a tuberculose, a malária, o ebola, a gripe aviária, a gripe suína, a gripe sazonal, a SARS (Síndrome Respiratória Aguda Grave), a MERS (Síndrome Respiratória por coronavírus do Oriente Médio), a poliomielite, o verme da Guiné, a difteria, a coqueluche, o tétano, o sarampo, a caxumba, a rubéola, o rotavírus, o norovírus, o vírus sincicial respiratório, o Hib (*Haemophilus influenzae* tipo B), a varíola, o cólera, a Peste Negra, a doença de Lyme, o vírus do Oeste do Nilo, a febre amarela, a febre maculosa das Montanhas Rochosas, a erliquiose, a babesiose, a leishmaniose visceral e cutânea, a sífilis, a gonorreia, a clamídia, o papilomavírus humano (HPV), o antraz, a ricina, a criptosporidíase, a doença de Chagas, a úlcera de Buruli, a febre de Lassa, o micetoma e o resfriado comum – causado por quase cem vírus diferentes. Posso ter esquecido algumas.

Como a desconfiança em relação à ciência entre os norte-americanos é forte, eu faço a cobertura de algumas doenças controversas e mitos persistentes como a síndrome de Morgellons, a parasitose delirante, a doença de Lyme crônica e a noção de que as vacinas causam autismo.

O assessor da Universidade do Texas tentou de novo: o dr. Weaver era também um especialista em algo novo, "semelhante ao vírus do Oeste do Nilo, algo que poderia entrar nos Estados Unidos nos próximos anos". Era chamado de vírus Zika. Eu gostaria de entrevistá-lo a esse respeito?

Só o nome já tinha um certo vigor. (Entrevistei certa vez um executivo farmacêutico que acreditava que colocar o som de "z" nos nomes de remédios novos inspirava credibilidade tranquilizante e vendia mais pílulas: Prozac, Zoloft, Xanax e Zyrtec, por exemplo. O som de "v", pensava ele, transmitia virilidade – por isso, Viagra e Levitra. O novo rival da categoria, Cialis, pronunciado em inglês "see Alice", estava fadado a ser um fracasso.

No início de outubro, o dr. Weaver e eu conversamos por aproximadamente 45 minutos.

Ele descreveu as origens do vírus na África e sua passagem pela Ilha Yap e pela Polinésia Francesa, e disse que até então o problema havia sido pouco estudado. O vírus tinha chegado recentemente ao Brasil e era preocupante, porque estava causando a síndrome de Guillain-Barré.

Poderia ter se espalhado mais além do Brasil, disse ele. Ninguém sabia. Apenas alguns dos melhores laboratórios do mundo tinham capacidade de fazer os testes para detectá-lo, incluindo um único no Brasil, a Fundação Oswaldo Cruz.

Era particularmente difícil fazer os testes na América Latina, disse o dr. Weaver, porque muitas pessoas haviam tido dengue antes ou recebido injeções contra a febre amarela quando criança. Como eram doenças relacionadas, produziam anticorpos que provocavam uma reação cruzada com os testes de anticorpos do Zika.

Se a doença chegasse aos Estados Unidos, observou, seria ao menos mais fácil fazer os testes, porque a dengue não tinha infectado muitos americanos, e apenas um número diminuto recebera injeções contra a febre amarela. (Sou um deles, refleti.)

"A doença chegaria aos Estados Unidos?" perguntei.

Talvez, disse ele, mas teria provavelmente o mesmo destino dos surtos de dengue na Flórida, um grupo de poucos casos que foi destruído assim que descoberto.

"Não acho que veremos uma grande epidemia", disse o dr. Weaver. "Ficamos dentro de nossas casas com ar-condicionado."

Ele me passou um estudo de 2009, que havia realizado com outros pesquisadores, nomeando os vírus que achava ser os candidatos mais prováveis a cruzar o oceano e atingir as Américas. Era presciente: o Zika figurava como um deles. Mas estava entre os perdedores. As duas maiores ameaças que o dr. Weaver vislumbrava eram a encefalite japonesa e a febre do Vale do Rift africana.

Agradeci, desliguei, revi minhas notas para garantir que poderia compreendê-las no futuro, rabisquei seu número de telefone e a data no topo do papel, destaquei as folhas do bloco de notas, grampeei tudo e joguei sobre a minha pilha "que dá o que pensar". Já está com quinze centímetros de altura e consiste em material que me parece interessante a ponto de eu escrever um artigo. Algum dia.

Nos meses seguintes, nada mais aconteceu.

Voltei a escrever sobre a cura da icterícia infantil por meio da luz do sol e as repercussões a longo prazo que terá na China o fato de os homens fumarem um terço de todos os cigarros do mundo. Eu tentava também organizar uma difícil viagem de trabalho: primeiro a Bangladesh para ver o maior hospital especializado em diarreia do mundo, onde fora realizado um trabalho crucial sobre uma nova vacina contra o cólera, e depois ao Vietnã para ver se era verdade que os comunistas são espetaculares no combate à tuberculose, mas só poderiam declarar vitória sobre a doença se obtivessem mais ajuda dos capitalistas.

Na segunda-feira, 28 de dezembro de 2015, recém--chegado de viagem, eu estava no escritório. Era a semana depois do Natal, e tudo estava muito quieto. Não havia notícias sendo divulgadas, e metade dos editores não estava trabalhando. Meus artigos sobre o cólera e a tuberculose tomavam forma, mas lentamente.

Eu estava vasculhando pilhas de material sobre minha escrivaninha e navegando em sites sobre doenças infecciosas, como ProMED e flu-trackers.com. Tinha de desencavar algo para escrever minha coluna Global Health [Saúde Global], que devia ser entregue em poucas horas. Junto com artigos longos, escrevo a coluna toda semana para a seção de ciência do *Times* na terça-feira. Em geral é curto, cerca de trezentas palavras.

Manter esse ritmo pode ser difícil, mas é também um trabalho útil: há muitos eventos ou estudos que não são grandes notícias, ainda assim intrigantes. Por exemplo, uma nova vacina contra a leishmaniose feita com a saliva da mosca de areia. (A leishmaniose causa feridas purulentas, e era obscura até os membros das Forças Armadas dos Estados Unidos no Iraque começarem a pegar "o furúnculo de Bagdá".)

No Google News, vi uma pequena notícia da CNN sobre o Brasil. Tinha Zika na manchete. Lembrando a conversa anterior, abri a matéria – e li com crescente horror.

O Brasil havia declarado estado de emergência. Os hospitais estavam observando uma onda de bebês com cabeças microcefálicas, mais de 2.700 bebês deficientes.

Zika era a causa suspeita. A matéria da CNN mencionava os mesmos fatos apresentados pelo dr. Weaver, mas uma linha me chamou atenção: alguns dos principais obstetras do país estavam recomendando que as mulheres não engravidassem. Outro artigo que encontrei dizia que um funcionário do Ministério da Saúde havia aconselhado a mesma coisa.

Isso era espantoso. À exceção da China e sua política de filho único, eu nunca tinha ouvido falar de nenhum governo – aliás, de nenhum médico sensato – recomendar que as mulheres simplesmente parassem de engravidar. O conceito era uma traição a toda ideia de país.

Olhei no site do CDC. Havia pouca informação: um parágrafo afirmando que o vírus Zika estava na Polinésia e na América do Sul, e que tinham sido notificados alguns casos em viajantes que retornavam aos Estados Unidos. Nada sobre microcefalia, nada sobre Guillain-Barré. Havia uma frase ameaçadora: "Esses casos importados talvez resultem na disseminação local do vírus em algumas áreas dos Estados Unidos".

Telefonei para a única pessoa que conhecia no Brasil, um médico italiano chamado Marco Collovati, que dirigia uma empresa de diagnósticos.

Alguns anos antes, eu havia escrito um artigo na primeira página do jornal sobre um novo teste rápido para lepra, um grande problema no Brasil. A empresa de Collovati havia produzido o teste. Eu havia entrevistado vários especialistas em lepra para o artigo, mas não o dono. Ainda assim, encontrei pouco depois uma caixa sobre minha escrivaninha com uma estatueta de cerâmica representando uma cigana brasileira. Junto, havia um bilhete cheio de pontos de exclamação: era um presente de agradecimento. Eu lhe enviei um e-mail para agradecer, porque as regras do *The New York Times* não permitem que aceitemos presentes com valor acima de 25 dólares. Quando nos falamos, Collovati foi efusivo. "Doooonald! Você deeve aceitar o presente! Não é nada! É uma lembrancinha! Eles vendem essas estatuetas na rua! O seu artigo me tornou famoso! Sou um suuuuper-herói aqui no Brasil! Você também é um suuuuper-herói! Você está salvando o mundo!"

Aparentemente, o meu artigo havia sido reproduzido em toda a mídia brasileira. Pouco depois, ele me enviou emocionado uma foto sua num palanque com o popular ex-presidente Luiz Inácio Lula da Silva, que estava aprovando seu teste como um exemplo da engenhosidade brasileira.

Marco era muito divertido, mas naquele dia ele se mostrou sombrio. Eu estava incrédulo. A história era verdade? Todas essas crianças? Em virtude de uma doença causada por um mosquito? Sim, disse ele. Sua empresa já estava trabalhando num teste rápido para o Zika.

"É um grande, um grande caos, Donald. Uma tragédia. Esses bebês não se recuperam. Há um efeito muito forte do El Niño este ano, que fez o país ficar muito quente. Já está chovendo, e vai ficar ainda mais quente. As Olimpíadas serão um desastre. Você imagina que as pessoas vão vir dos Estados Unidos, da França, para uma situação dessas?"

Sim, ele confirmou, o Ministério da Saúde havia aconselhado as mulheres a não ter filhos. "O que podem fazer? O aborto é ilegal. Assim, a única forma de prevenção é não engravidar."

Era definitivamente o Zika?

"É uma grande pergunta", disse ele. "Não sabemos se o problema é apenas esse vírus, ou talvez seja uma combinação [dele com outro]. Se uma grávida contraiu dengue um ano antes, tem uma reação imunológica, e depois pega o Zika..."

Escrevi um artigo breve com as informações básicas, e depois que o enviei para publicação, mandei uma longa nota para Tom Skinner, o principal porta-voz do dr. Thomas R. Frieden, diretor do CDC. O título comportava um pedido de desculpas: "Feliz Natal, e vamos deixar Tom Skinner maluco durante a temporada de férias". Se ele tinha alguns dias de folga, eu ia provavelmente arruiná-los.

Contava que havia acabado de escrever algo breve sobre um novo vírus chamado Zika. Era um problema enorme no Brasil, suspeito de causar um aumento de vinte vezes os casos de microcefalia, e as mulheres estavam sendo aconselhadas a não engravidar. Eu teria de continuar a dar informações num artigo maior, com a ajuda, assim esperava, do escritório brasileiro do *Times*.

Quando fosse escrever, dizia eu, precisaria incluir a opinião do CDC sobre o grau de apreensão que os americanos deveriam ter em relação ao vírus.

O site da agência indicava que alguns viajantes americanos estavam pegando a doença e levando-a para casa, e haveria provavelmente surtos nos Estados Unidos.

Os americanos vão querer respostas a algumas perguntas, escrevi, inclusive as seguintes:

- Os americanos devem se preocupar com a possível disseminação do Zika nos Estados Unidos, um vírus que poderia causar danos cerebrais às crianças?
- Os americanos devem evitar viagens ao Brasil no momento?
- Quais outros países devem evitar?

Perguntei se ele poderia, por favor, me arrumar um contato por telefone, assim que fosse possível.

O seu e-mail de resposta automática dizia que ele estava de folga até 4 de janeiro. Mas ele me respondeu em vinte minutos: "Devemos ser capazes de fazer esse trabalho. Vamos ver quem está por aqui. Qual é o seu prazo final?".

"Depende de meus editores", respondi, "mas amanhã à tarde, por favor".

Três horas depois, outro porta-voz do CDC respondeu dizendo que a dra. Erin Staples, uma epidemiologista especializada em doenças transmitidas por vetores, estaria à minha disposição no início da tarde seguinte.

Nessas três horas, meus editores haviam recebido informações de escritórios no exterior. Simon Romero, nosso chefe do escritório no Rio, havia interrompido as férias para trabalhar num artigo sobre a emergência. A primeira página lhe foi oferecida, por isso eu podia mandar parágrafos sobre a situação americana para ser incluídos no texto.

A dra. Staples e eu conversamos na tarde seguinte. Ela descreveu o risco para os Estados Unidos – o vírus era transmitido pelo mesmo "mosquito da febre amarela", o *Aedes aegypti*, que transmitia dengue e chikungunya, por isso a agência esperava que a disseminação fosse similar:

Porto Rico seria duramente atingido. Haveria provavelmente pequenos grupos de casos na Flórida, no Texas e ao longo da Costa do Golfo – e também no Havaí. O CDC não esperava que algum lugar no continente fosse atingido tão fortemente como Porto Rico.

Mas, ela alertava, nada estava definido: os orçamentos para o controle de mosquitos eram estabelecidos pelos estados ou condados, e eles aumentavam e diminuíam. Haviam se tornado mais robustos quando o vírus do Oeste do Nilo era uma ameaça, mas isso havia sido há quinze anos, e o Oeste do Nilo era disseminado por mosquitos diferentes e tinha de ser combatido de formas diversas. Os pequenos surtos de dengue e chikungunya desde então não tinham provocado grande diferença nos orçamentos. E havia muito pouco dinheiro para a vigilância – que significava apanhar mosquitos e identificar seus tipos de maneira regular –, por isso ninguém sabia o verdadeiro alcance do mosquito da febre amarela. Os mapas eram antigos. E havia outro pequeno problema: um mosquito relacionado, o "mosquito tigre asiático", *Aedes albopictus*, podia transmitir o Zika. O mosquito tigre asiático tolerava invernos mais frios e sobrevivia bem mais ao norte.

Ninguém sabia ao certo, porém, "o grau de eficiência" com que o mosquito tigre asiático transmitia o Zika, afirmou a dra. Staples.

(Os mosquitos podem ser "transmissores ineficientes" se os vírus não se desenvolverem neles, ou saírem voando a esmo para picar pássaros ou veados, ou qualquer outra coisa que não humanos. O *Aedes aegypti* é altamente eficiente porque vive dentro de casa, reproduzindo-se até no ralo dos chuveiros, se puder. E, ao contrário da maioria dos mosquitos que picam e permanecem no lugar até se saciarem ou serem esmagados, ele "suga aos pouquinhos" – pica três ou quatro vezes, bem rapidamente, antes de sair para pôr os ovos. Assim, ele pode espalhar doenças numa família com rapidez.)

O resto da conversa me surpreendeu um pouco. A dra. Staples foi muito evasiva. Não queria falar sobre o Brasil, nem se a microcefalia era uma ameaça. "As informações são bastante limitadas, por isso é difícil comentar", disse ela.

A agência estava mantendo até então seu aconselhamento sobre viagens. O Brasil, como todo o restante da América Latina e o Caribe, estava no nível 1 de alerta, que era apenas "Evite picadas de mosquitos". Esse conselho tinha sido padrão por um longo tempo por causa da dengue e da chikungunya. O CDC não tinha nenhum conselho especial para as grávidas. Nem para as Olimpíadas. Apenas "se você for, não seja picado por mosquitos".

Tudo parecia um pouco blasé. Se estava temeroso, o CDC não o demonstrava.

O artigo de Simon chegou, e era bem preocupante. Descrevia grávidas brasileiras em pânico. Citava um funcionário do Ministério da Saúde, o dr. Claudio Maierovitch, que dava o seguinte conselho: se as mulheres nas áreas afetadas pudessem esperar para engravidar, deveriam fazê-lo. O país tinha normalmente 150 casos de microcefalia por ano, e agora estava investigando 2.782. Quarenta recém-nascidos haviam morrido, e esperava-se que outros mais morressem.

A reportagem citava uma cobradora de pedágio de Recife, Gleyse Kelly da Silva, de 27 anos. Ela tinha três filhos, e a caçula, Maria Giovanna, nascera com microcefalia em outubro. "Chorei um mês inteiro quando soube como Deus estava nos pondo à prova", disse ela. "Eu nunca tinha ouvido falar de Zika ou microcefalia. Agora, rezo para que minha filha possa aguentar a vida com esta desgraça."

O artigo de Simon foi colocado no site do *Times* em 30 de dezembro, e na primeira página no dia seguinte.

Desse ponto em diante, o *Times* passou a dar impulso ao caso. Escrevíamos frequentemente sobre o tema, e os artigos apareciam com frequência na primeira página e com destaque no site e na plataforma móvel.

Em 4 de janeiro de 2016, o *Times* publicou outro artigo informando que os Estados Unidos estavam se tornando mais vulneráveis às doenças tropicais. Todo mundo culpava o aquecimento global, mas essa nunca foi a história toda. Era uma combinação de clima mais quente levando os mosquitos para o norte, de viagens aéreas mais baratas e mais frequentes ajudando mais pessoas a chegar a novos continentes com vírus ainda frescos em seu sangue, e de uma difusão de bairros urbanos miseráveis como as favelas do Brasil, onde os vírus, que teriam morrido se as vítimas vivessem em espaços mais amplos, aproveitavam-se do efeito multiplicador de pessoas morando apinhadas em barracos exíguos. Era, ainda, fruto de má vigilância dos mosquitos e de pesticidas inoperantes.

À época, havia cerca de uma dúzia de casos registrados de Zika nos Estados Unidos. Eram de viajantes que retornavam ao país, e todos haviam se recuperado.

Então, em 4 de janeiro, Porto Rico noticiou o primeiro caso de Zika adquirido no local – alguém que não estivera fora da ilha nos últimos tempos tinha contraído a doença. Assim, a doença estava oficialmente se espalhando em solo americano.

Ainda nada do CDC.

(Na realidade, fiquei sabendo muito mais tarde que o CDC havia comentado o primeiro caso de Porto Rico em seu site em 31 de dezembro de 2015. Mas manteve Porto Rico no nível mais baixo de alerta em relação a viagens – "Tome precauções contra picadas de mosquitos" –, que já estava em vigor por causa da dengue. O departamento de comunicações não emitiu um alerta nos noticiários, e o caso passou despercebido até que o repórter da Associated Press em San Juan ouviu algum comentário do departamento de saúde na segunda-feira, 4 de janeiro de 2016, depois do fim de semana de feriados.)

A essa altura, doze outros países, além do Brasil, notificavam casos nativos: Colômbia, El Salvador, Guiana Francesa, Guatemala, Haiti, Honduras, Martinica, México, Panamá, Paraguai, Suriname e Venezuela.

Muitos, como Porto Rico, eram destinos turísticos.

Telefonei para o dr. Peter Hotez, reitor da Escola Nacional de Doenças Tropicais da Faculdade de Medicina Baylor e ex-presidente da Sociedade Americana de Doenças Tropicais e Higiene. Ele estava muito nervoso a respeito do Zika. "Nada causa esse tipo de estrago exceto a rubéola", disse ele.

Na década de 1960, antes que o dr. Stanley A. Plotkin criasse uma vacina, ocorrera um surto de rubéola – o sarampo alemão – que matou ou incapacitou

20 mil crianças americanas. Muitas haviam morrido no útero, algumas tinham nascido com microcefalia, muitas nasceram com deficiência visal ou auditiva.

"O CDC deveria emitir um alerta sobre viagens?", perguntei.

Sim, claro, disse ele. "Se a minha filha estivesse planejando engravidar, eu aconselharia que ela não fosse para o Caribe."

"Isso vai dizimar a indústria de turismo do Caribe, os cruzeiros de Carnaval etc.", ele continuou. "Pense um pouco – por que as pessoas vão ao Caribe? Elas vão até lá para fazer coisas que conceberiam uma criança, intencionalmente ou não."

A escola médica do dr. Hotez ficava em Houston, na Costa do Golfo tropical, e, mesmo sendo janeiro, ele já estava imaginando a cidade envolta em graves problemas no verão que chegava. Havia falado com o chefe de doenças transmissíveis do departamento de saúde da cidade: "Eu disse a ele, 'temos que fazer alguma coisa. Não podemos simplesmente esperar até que os bebês com malformação apareçam nas salas de parto'".

"Não me preocupei com a possibilidade de o ebola chegar aos Estados Unidos", disse ele. "Mas estou muito preocupado com *este* vírus. Se ele se espalha, teremos uma geração inteira de crianças neurologicamente deficientes."

Continuei a perguntar a Tom Skinner por que o CDC não estava emitindo um alerta para viagens. A agência não tinha uma operação de combate à dengue em Porto Rico? Estava agora nas linhas de frente. Eu poderia falar com o chefe da operação?

Esse funcionário havia se aposentado há pouco tempo, disse ele. As outras pessoas em San Juan eram principalmente funcionários de laboratório, que não podiam fazer comentários. O pessoal das doenças transmitidas por vetores estava baseado em Fort Collins, no Colorado. Eles viam esse vírus como o chikungunya: "Não há nada que se possa fazer para acabar de vez com todos os mosquitos. Podemos apenas vigiar os lugares quentes e tentar fazer alguma coisa a respeito".

"Então, o que vocês vão fazer?", perguntei.

"O pessoal do laboratório está ministrando aulas para médicos, com o objetivo de que possam reconhecer os sintomas", disse ele.

Comecei a telefonar para as companhias de cruzeiros – Royal Caribbean, Carnival e Princess – para perguntar se as pessoas estavam cancelando os cruzeiros ou se as companhias tinham planos para proteger os passageiros do Zika. As primeiras respostas que obtive foram "Ziii, o quê?". Eu tinha que explicar. Então, diziam que não comentariam nada, e eu tive de falar com a Associação Internacional de Linhas de Cruzeiros, que se pronunciava em nome da categoria.

Uma porta-voz do grupo me enviou uma declaração anódina dizendo que a associação estava ciente de que o CDC tinha observado uma possível ligação entre o Zika e deficiências congênitas. Os viajantes deveriam se informar com as autoridades de saúde de suas localidades antes de viajar, dizia, e a indústria de cruzeiros "instrui rotineiramente os passageiros" sobre usar repelente de insetos e mangas compridas.

O porta-voz não quis discutir se havia cancelamentos de reserva.

Era alta temporada, e as colegas grávidas me perguntavam se eu achava que deveriam levar adiante as férias planejadas no Caribe. "Sou repórter, não sou médico!", dizia. "Vocês devem procurar conselhos com seus médicos, ok? Ótimo. Agora que temos isso bem claro, a resposta é não!"

Em 11 de janeiro, pedi ao nosso departamento de pesquisa que me ajudasse a encontrar mulheres nervosas com medo de viajar. Em poucas horas, eu tinha e-mails e números de telefones de pessoas que haviam feito perguntas no TripAdvisor, no Twitter ou em algum outro lugar, pedindo a outros viajantes conselhos sobre mosquitos em vários locais.

Uma mulher com quem falei, Ashley, advogada de 33 anos, foi muito gentil. Estava passando por uma crise de consciência: dizia que tinha três filhos pequenos e estava grávida do quarto, embora estivesse ainda tão no início que não estava disposta a contar a ninguém. Sua mãe tinha planos de levar a família inteira – dezessete pessoas – para o resort El Conquistador em Porto Rico. A mãe já trocara a viagem da República Dominicana por causa da chikungunya, e para isso pagara 3.400 dólares em tarifas de mudança de trajeto. E agora havia Zika em Porto Rico. Ashley pedia conselhos a todo mundo que conhecia, porque não conseguia obter nenhuma informação do CDC. A mãe só tinha mais dois dias antes de perder o depósito em dinheiro.

Ashley havia falado com a obstetra e ginecologista: "Em geral, ela é cautelosa demais, por isso achei que ela diria não. Mas ela riu e disse: 'Sem essa! Vá viajar!' Então falei com outra obstetra, que me disse: 'Eu não cancelaria'. Não sei ao certo o que fazer. Não posso ser a única grávida indo para Porto Rico. É por isso que postei a pergunta no TripAdvisor. Alguém me respondeu. Diziam que haviam acabado de estar no El Conquistador, não tinham visto nem um inseto sequer, e havia um grande número de mulheres grávidas".

"Estou realmente em dúvida", disse ela. "Uma parte de mim sente que tenho de viver a vida, por isso vamos viajar. Eu poderia deixar de viajar e ainda assim ser atropelada por um carro, pegar o vírus do Oeste do Nilo, ou alguém poderia espirrar em cima de mim. E outra parte de mim sente que é o meu bebê! Tenho de protegê-lo!"

Conversamos sobre o que eu sabia do vírus e o que especialistas como Peter Hotez haviam me dito. No dia seguinte, ela me escreveu um e-mail para agradecer, e disse que ela e o marido haviam desistido da viagem e deixaram o restante da família seguir em frente.

Perguntei se poderia citá-la – e se poderia mencionar que ela estava grávida, porque do contrário as citações não fariam sentido. Ela disse que precisava falar com o marido. Tornou a telefonar para dizer que, como ajudaria outras mulheres na mesma situação, tudo bem.

(Mais tarde, fiquei sabendo que El Conquistador, um resort espetacular do Waldorf Astoria, ficava em Fajardo, na ponta leste da ilha, e que, no início da epidemia em Porto Rico, Fajardo tinha mais casos que qualquer outro lugar.)

Em 13 de janeiro, recebi um telefonema extraoficial que forçou o CDC a agir. O meu interlocutor sugeria que eu desse uma olhada no site do Ministério da Saúde brasileiro, porque algo importante havia sido postado ali. Procurei o site e traduzi as informações pelo tradutor do Google.

Era um relatório sobre autópsias realizadas em quatro bebês; dois eram resultado de abortos espontâneos, dois nasceram no tempo normal com microcefalia e haviam morrido em poucas horas. As quatro mães haviam apresentado sintomas de Zika durante a gravidez. Os quatro bebês deram positivo no teste para o vírus Zika. Nos recém-nascidos microcefálicos, o vírus foi encontrado em seus cérebros.

Essa era a *segunda* prova contundente. Os brasileiros tinham encontrado resultados semelhantes por conta própria semanas antes: o vírus Zika no tecido ou líquido amniótico de três fetos com malformação. Mas esse relatório mencionava que o trabalho de laboratório fora feito para os brasileiros pelo CDC.

Se realizou o trabalho, o CDC acreditava nos resultados. Essa era uma evidência importante. Por que o CDC não o tinha divulgado?

Tornei a ligar para a pessoa que me dera a dica. Era protocolo político. O CDC tinha que esperar que os brasileiros anunciassem a descoberta. Eu disse: vão ser escrupulosos em observar o protocolo no meio de uma epidemia? Enquanto cidadãos americanos aguardam aconselhamento? É ridículo.

Mas a pessoa que me ligara tinha me procurado a pedido de alguém próximo à chefia do CDC. Eles estavam tentando obrigar os brasileiros a agir.

Escrevi para uma pessoa do departamento de comunicações do CDC e disse que precisava de uma entrevista assim que possível sobre o novo relatório. E também para saber se as novas informações fariam o CDC mudar os conselhos para viagens.

Tentei enviar um e-mail diretamente para o chefe de quarentena do CDC, o dr. Marty Cetron, que eu conhecia de andanças nas conferências de medicina tropical, para ver se ele falaria comigo. Ele disse que Tom Skinner entraria em contato.

Tom arranjou uma audioconferência com o dr. Lyle R. Petersen, o diretor da divisão de doenças transmitidas por vetores no CDC.

"Sim, o relatório do Brasil era preciso", disse o dr. Petersen. Era uma "evidência mais forte do vínculo [entre o Zika e a microcefalia]".

"Ok", disse eu, "então o CDC vai emitir um alerta sobre viagens?".

"Estamos discutindo se vamos ou não mudar as recomendações", respondeu ele.

"Como vocês podem *não* mudá-las", insisti. "As grávidas estão decidindo entre viajar ou não agora, e você acaba de me dizer que tem basicamente a prova de que o vírus provoca malformação nos bebês."

Tom entrou na conversa. "Estamos *otimistas* quanto a mudá-las."

"*Quando*?", disse eu.

"Esperamos ter algo na quinta ou na sexta-feira."

"Já se passaram duas semanas", disse eu. "Qual é o empecilho?"

"Não podemos tomar essas decisões no vácuo", respondeu. "Estamos consultando outras pessoas fora da agência."

"Outras pessoas?"

"Há muitas implicações possíveis", disse ele. "Temos de implementar e divulgar as notícias."

Tom não dizia, mas era óbvio. Para os países dependentes do turismo, os alertas de viagem do CDC seriam um pesadelo. Milhões de dólares dos turistas desapareceriam. Esses países berrariam se o CDC sugerisse que qualquer pessoa – grávida ou não – os evitasse. Reclamariam por meio do Departamento de Estado e da Casa Branca. O tempo estava sendo utilizado para acalmar embaixadores que telefonavam para seus presidentes. A indústria do turismo também gritaria, mas por meio dos lobistas.

Assim, escrevi um artigo dizendo que o CDC estava debatendo se devia alertar as grávidas e outras pessoas contra possíveis viagens. Mencionei o conselho hipotético de Peter Hotez à sua filha; Ashley, que temia pelo seu bebê; e descrevi a atitude de avestruz da indústria dos cruzeiros. Observei que cerca de 1,3 milhão de brasileiros haviam sido infectados, e que agora estavam investigando 3.500 casos de microcefalia. A República Dominicana tinha se juntado ao Brasil ao dizer que aconselharia as mulheres a não engravidar.

Depois de enviar o artigo, telefonei a Tom para que soubesse da minha reportagem.

"Você está escrevendo algo *hoje*?", disse ele, parecendo aflito.

Respondi que sim. "Não vou esperar um comunicado à imprensa enquanto vocês decidem. Sei tudo o que está acontecendo."

"Obrigado por me comunicar", disse ele resignado. "Vou avisar todo mundo."

O artigo saiu naquela tarde.

Mas no dia seguinte, nada. Chateei Tom: entrevista coletiva?

"Mais provável amanhã", ele respondeu.

"Sério?", pensei. Sério?

O dia seguinte, uma sexta-feira, 15 de janeiro, foi um circo. O CDC anunciou uma entrevista coletiva ao meio-dia, depois a cancelou, mais tarde mudou o horário novamente. Persegui Tom. Pouco depois do meio-dia, ele disse que a nota seria postada no site às 13h, e que eles a discutiriam às 14h. "Procure a página de alerta para viagens do CDC e fique clicando para atualizá-la", ele escreveu. Foi o que fiz. Horas se passaram. Meu dedo ficou dolorido de clicar a atualização da página. Os editores estavam ficando impacientes. A entrevista coletiva finalmente começou às 19h.

A agência emitiu um "guia de viagem provisório". As grávidas "deviam pensar em adiar" viagens ao Brasil, a qualquer um dos outros doze países com transmissão do Zika, ou a Porto Rico.

O dr. Petersen descreveu o Zika como "um problema bastante sério".

O aviso não sugeria que qualquer outra pessoa mudasse os planos de viagem por causa da ameaça do Guillain-Barré. Mas dava um conselho às mulheres que pensavam em engravidar: deviam "consultar um médico" – o que é às vezes um eufemismo do CDC para "tomem a pílula" quando não querem falar essas coisas em voz alta, porque com isso poderiam ofender as pessoas que se opõem à contracepção.

O alerta era para países inteiros, não apenas para regiões ou cidades. Perguntaram ao dr. Petersen sobre isso, e ele disse que o alerta se aplicava a "maior parte de" cada país a menos que houvesse "evidências específicas" de que o vírus não estava sendo transmitido numa determinada região.

Isso deve ter perturbado de fato alguns governos, pensei. Um país imenso como o México poderia ter Zika apenas numa região pequena, enquanto grande parte do país, inclusive destinos montanhosos como a Cidade do México, permanecia totalmente livre do mosquito. E as turistas grávidas e as mulheres de negócios grávidas eram ainda aconselhadas a evitar o país inteiro.

Eu me perguntava o que aconteceria quando a Flórida tivesse o primeiro caso transmitido no local; por essa lógica, as turistas grávidas de além-mar deveriam evitar até Minnesota.

Houve muitas perguntas sobre por que tinham demorado tanto para dar o alerta? Era a vez do dr. Cetron falar, e ele disse que o alerta afetava muitos países e "não gostamos de pegar os parceiros de surpresa". O CDC tinha de dar um aviso prévio para que os outros países não "ouvissem falar do vírus pela primeira vez na mídia".

Custara algum tempo, mas o governo dos Estados Unidos estava finalmente levando o problema a sério.

Na manhã seguinte, uma nova notícia deixou bem claro quais eram as consequências para os americanos. Nasceu o primeiro bebê americano com microcefalia por causa do Zika. De uma mãe em Oahu, Havaí, que havia passado o último mês de maio no Brasil, durante o primeiro trimestre de gravidez.

6

Veloz e violento

O alerta do CDC em relação a viagens serviu como uma advertência global: Esse vírus é perigoso. Se você está grávida, mantenha distância.

As pessoas em todo o mundo – e os editores – estavam de repente cheios de perguntas a fazer. O que era o Zika? O que era microcefalia? O que era Guillain-Barré? O que aconteceria com as Olimpíadas? O que aconteceria durante o Carnaval? O que deviam pensar as pessoas que não estavam grávidas? O que as grávidas deveriam fazer?

Depois que o CDC havia falado para os Estados Unidos, o que diria a Organização Mundial da Saúde para o restante do globo?

Até então, a OMS parecia se manter na moita. Tinha deixado a maior parte da responsabilidade pelo acompanhamento do Zika com a Organização Pan-Americana da Saúde, seu braço nas Américas, sediada em Washington. O site da OPAS tinha muito mais a dizer sobre o Zika do que a OMS.

Além disso, a OMS tenta com muito empenho evitar aconselhamento para viagens. Como uma agência da ONU, é um clube de membros poderosos, e obedece a uma assembleia anual de todos os ministros de saúde do mundo realizada em Genebra. Eles elegem o diretor geral. É politicamente muito difícil para esse diretor geral, como presidente do clube, apontar um dedo acusador para qualquer membro e dizer ao mundo: "O país dele está contaminado. Não viajem para lá". Tinha sido bastante difícil para o CDC avisar os cidadãos americanos, ainda que esse fosse seu dever nacional.

Duas semanas mais tarde, quando a OMS declarou emergência de saúde global, o anúncio foi quase um anticlímax. A essa altura, havia uma crise tão evidente que a vontade era dizer "*e daí?*".

A OMS declara emergências de forma muito desajeitada. Tão desajeitada que seus burocratas raramente empregam a palavra emergência. Em geral, falam em "pikes" [picos], referindo-se a PHEIC [Public Health Emergency of International Concern], uma "emergência de saúde pública de interesse internacional", embora eu tenha escutado a palavra ser pronunciada como "picks" [escolhas] e até "fakes" [fraudes]. A agência havia declarado apenas três alertas em sua história, porque só havia obtido o poder de fazê-lo em 2007, quando a assembleia de Genebra mudou as regras da casa.

O primeiro alerta foi em 2009, a respeito da pandemia da gripe suína; o terceiro foi em 2014, sobre o ebola na África Ocidental. O segundo foi uma bizarrice; foi declarado no início de 2014, a respeito da poliomielite. A poliomielite era o oposto de uma epidemia. Estava prestes a ser extinta. Durante décadas havia sido mantida num nível bem baixo de poucas centenas de casos por ano em todo o globo, mas de repente começara a se espalhar novamente na África e no Oriente Médio.

No surto de ebola em 2014, a dra. Margaret Chan, diretora geral, tinha sido acusada pelos Médicos Sem Fronteiras e outros organismos de esperar tempo demais para declarar uma emergência. Estava claro que ela não pretendia cometer esse erro de novo, mas, mesmo em velocidade máxima, a OMS é pesada e lenta.

A organização reuniu um comitê de especialistas em Genebra em 1º de fevereiro e convidou vários cientistas que combatem o Zika a apresentar suas evidências, tudo atrás de portas fechadas para que pudessem discutir dados que ainda eram inéditos.

Mais tarde, naquele dia, seguindo o conselho "unânime" do comitê, conforme informações de seu presidente, dr. David L. Heymann, a dra. Chan declarou uma PHEIC. Ela o formulou muito cautelosamente: a emergência não era sobre a disseminação do próprio Zika, era sobre a *possibilidade* de o Zika causar microcefalia.

Em essência, era um apelo para que os cientistas ao redor do mundo cooperassem dando respostas a essa questão, em vez de guardar seus dados até que as revistas acadêmicas sentissem vontade de publicá-los. E era um alerta oficial para que os ministros da Saúde dos países deixassem de bancar um avestruz e compreendessem que tinham um problema.

Uma das coisas que nós americanos não compreendemos é o quanto outros governos são verdadeiramente indiferentes aos destinos de seus povos. Estamos acostumados a que nossos políticos reajam, até com exagero, às notícias, porque depois eles podem lembrar aos eleitores na época das eleições como foram rápidos em dar uma resposta. Mas muitos países – nominalmente democráticos, socialistas ou comunistas – são governados por uma elite concentrada em forrar os próprios bolsos ou consolidar seu poder, e a possibilidade de que as mulheres – especialmente as mais carentes – possam ter bebês malformados não os comove. Se as suas esposas e filhas engravidarem, eles podem sempre se mudar para Paris ou Londres. Os líderes da OMS nunca dirão em voz alta essas verdades sobre os membros do clube, mas todos sabem disso. Fazer essas elites compreenderem que um novo problema é real, e não apenas algo que Washington inventou para seus próprios fins nefandos, faz parte da tarefa da OMS.

Na essência, nada mudou. A OMS não tem seu próprio exército de médicos, nem um fundo de emergência. Em vez disso, requisita ajuda de agências nacionais de saúde, como o CDC, e providencia cobertura diplomática quando aviões carregados de profissionais da saúde desembarcam em países frágeis mas orgulhosos, que do contrário poderiam temer enxames de médicos estrangeiros, muitos com uniformes militares. Foi assim, por exemplo, que médicos cubanos e americanos acabaram trabalhando lado a lado nas unidades de tratamento do ebola na África.

A PHEIC realçou o perfil da doença, embora já estivesse bem conspícuo. Também incrementou a cooperação científica de um modo diferente: muitas revistas médicas, da famosa *New England Journal of Medicine* à relativamente obscura *Cell Stem Cell*, começaram a postar na internet estudos relacionados com o Zika assim que os recebiam. A maioria dos cientistas não consegue lidar com o instinto de preservar dados, porque a publicação inédita constrói suas carreiras. Mas quando as revistas abandonaram todo e qualquer freio, apressando-se em colocar as pesquisas na web, o conhecimento ganho tornou-se uma forma, de fato, de colaboração científica internacional.

Em uma semana, algo extraordinário aconteceu. Todas as grandes revistas de ciência assinaram um compromisso chamado "Declaração sobre Compartilhamento de Dados em Emergências de Saúde Pública". Obrigava-as a tornar disponíveis gratuitamente e on-line todos os artigos que publicassem sobre o Zika durante o período de emergência, em vez de cobrar taxas de subscrição normais, que poderiam chegar a centenas de dólares. Os financiadores de pesquisas – tanto os públicos, como os Institutos Nacionais de Saúde, quanto os privados, como a Fundação Bill & Melinda Gates – também assinaram esse compromisso, prometendo exigir de todos a quem dessem dinheiro o compartilhamento dos dados assim que pudessem ser relatados.

Um dos cientistas deu o exemplo indo mais além: começou a fazer experimentos importantes on-line, para que pudessem ser seguidos por qualquer um que quisesse acompanhar sua pesquisa. David O'Connor, um patologista da escola de medicina da Universidade de Wisconsin, tinha uma colônia de macacos cinomolgos. Ele infectou várias macacas grávidas com o vírus Zika e descreveu o progresso dia a dia. Postava exames de sangue, resultados de amniocentese e imagens de ultrassom.

Uma das primeiras coisas que revelou foi que os altos níveis do vírus no sangue das macacas persistiram por semanas – um sinal muito ruim, porque as pessoas não grávidas se livram do vírus em cerca de dez dias.

A OMS não declarou que o Zika era uma pandemia em vez de epidemia. Suas definições do que constitui uma pandemia às vezes mudam, mas em geral se referem a um vírus "novo". O Zika não era novo, pois foi descoberto em 1947 (embora pudesse surgir uma nova polêmica sobre se o sequenciamento genético não indica mudanças que alteram a doença, como uma mutação que o tornasse mais letal). Declarar uma pandemia provavelmente não teria mudado nada para os Estados Unidos, mas alguns países têm mecanismos de resposta que são desencadeados por essa declaração.

Felizmente, ninguém pediu que a OMS arbitrasse a discussão sobre o nome Zika. Como aconteceu com o "vírus Sin Nombre", as convenções para dar nome às doenças haviam criado um pesadelo na pandemia de gripe de 2009. O novo vírus da influenza tinha sido descoberto numa cidade de criadores de porcos chamada La Gloria, no estado de Veracruz, no México. (Era inusitado porque, historicamente, a nova gripe foi detectada primeiro em Hong Kong, e supunha-se que tivesse se originado nas fazendas criadoras de porcos e galinhas do sul da China.)

Os vírus da gripe sempre existiram, mas se tornam "novos" com facilidade, porque possuem oito genes frouxamente interligados que podem ser trocados sem dificuldade entre cepas virais num jogo de misturar e combinar. A nova mistura tinha dois genes de porco e surgiu num chiqueiro, por isso foi chamada de "gripe suína" mesmo que a essa altura também fosse humana. Nesse ponto, a indústria de produtos suínos gritou, dizendo que o nome estava matando a venda de toucinho. O nome também gerou uma crise no Egito, onde o governo matou 300 mil porcos pertencentes à minoria cristã copta. Era preconceito religioso, e não saúde pública; o Egito não tinha um único caso sequer da gripe àquela época. A atitude teve igualmente consequências imprevistas, pois os coptas recolhiam o lixo de Cairo para alimentar os porcos.

Curvando-se à pressão, a OMS parou de falar em "gripe suína". Havia uma longa história de nomear as gripes em referência a seus supostos lugares de origem – a gripe de Hong Kong, a gripe asiática, a gripe russa, a gripe espanhola. Mas um funcionário da OPAS se opôs fortemente à "gripe mexicana" ou "gripe de Veracruz", até mesmo à "gripe de La Gloria", alegando que qualquer nome de lugar demonizaria as pessoas do local em questão. Irritantemente, a OMS continuou a mudar sua opinião institucional. Primeiro, chamou a nova gripe apenas de "H1N1", mas isso era confuso, porque havia uma H1N1 sazonal. Depois foi "A (H1N1) S-O.I.V." para vírus da influenza de origem suína (H1N1) tipo A. Mas os redatores de manchetes e âncoras de televisão se recusaram a empregar esse nome. Por fim, tornou-se "Pandemia (H1N1) 2009". Mas o nome que pegou foi gripe suína ou gripe A.

A emergência da OMS aumentou simplesmente o apetite por reportagens. Minha colega Catherine Saint Louis escreveu um artigo sobre microcefalia e suas consequências para as crianças, explicando que algumas ficavam inválidas, enquanto outras eram chamadas de "microcéfalas", mas tinham apenas cabeças pequenas e uma inteligência normal ou quase normal. A BBC apresentou os perfis associados de dois meninos britânicos quase da mesma idade. Um podia correr e chutar desajeitadamente uma bola de futebol, mas não conseguia falar palavras e tinha conflitos emocionais. O outro tinha a cabeça pequena e queixava-se de dor, como se o crânio não fosse grande o suficiente para o cérebro. Mas era articulado e aparentemente ia bem na escola.

Os cientistas da Polinésia Francesa e seus colegas na França publicaram um estudo importante na *Lancet*, revista médica britânica. Depois de ler as manchetes sobre os bebês com microcefalia no Brasil, eles tinham começado a vasculhar os registros de nascimento e abortos médicos na ilha depois do surto de Zika. Tinham encontrado dezenove casos de anomalias congênitas, inclusive oito de microcefalia, sete desses num grupo de gestações que havia começado durante os quatro meses do pico da epidemia.

Minha colega Sabrina Tavernise entrevistou médicos brasileiros sobre suas primeiras lembranças, e construiu um artigo sobre o controle de mosquitos e a dificuldade de matar o *Aedes aegypti* por se reproduzir e viver nas casas com suas vítimas, assim como as baratas, e não longe nos pântanos, como outras espécies de inseto.

Do Brasil, Simon mandou um artigo descrevendo o tremendo aumento que o país tivera da síndrome de Guillain-Barré um ano antes, no início de 2015, assim que a contaminação por Zika havia se tornado intensa. O aumento fora percebido pelas autoridades de saúde, apareceram manchetes preocupantes no Brasil, e alguns cientistas tinham notado a experiência da Polinésia Francesa, mas o quadro não tinha alarmado o mundo inteiro. Simon falou com Patrícia Brito, uma caixa de padaria de 20 anos que esteve na terapia intensiva por quarenta dias e disse que foi "mais aterrorizador que qualquer filme de terror", e com Geraldo da Silva, um operário da construção civil de 43 anos que mencionou sua impressão de que estava se "afogando num mar de lama".

Outra rara complicação do Zika, uma nota de pé de página nos artigos acadêmicos sobre a Polinésia, acabou chegando às manchetes porque causou a primeira morte americana. Foi um caso irreversível de púrpura trombocitopênica idiopática, um nome de dar nó na língua que significa "pele cor de púrpura causada pelo vazamento de vasos capilares provocado por uma diminuição de plaquetas (trombócitos), diminuição essa motivada por um problema do sistema imunológico".

O primeiro americano a morrer de Zika não foi um bebê, mas um porto-riquenho de 70 anos. Ele sucumbiu em fevereiro de 2016, embora a ligação com o vírus só tenha sido confirmada dois meses depois. Primeiro, o departamento de saúde e seus conselheiros do CDC tiveram de encontrar os anticorpos em seu sangue – os testes levam muito mais tempo para ser realizados em áreas tropicais, porque a dengue e a febre amarela causam reações cruzadas nos testes preliminares com anticorpos, criando falsos positivos. Para distingui-los uns dos outros, os cientistas devem fazer "ensaios de neutralização", uma versão do mesmo trabalho que os descobridores do Zika aplicaram em camundongos, mas realizado em frascos estáveis de cultura de células. É mais rápido que usar camundongos inteiros, mas ainda assim pode levar dias ou semanas. Depois, tiveram de desenterrar os registros médicos do porto-riquenho, além de entrevistar a família e seus médicos para assegurarem-se de que ele não tivera alguma outra doença.

O homem era razoavelmente saudável para sua idade antes de apresentar os sintomas de Zika em janeiro, bem no início do surto na ilha. Ele se recuperou, e tudo parecia bem. Mas alguns dias mais tarde, demonstrou "sangramentos", que o relatório inicial do CDC não detalhou, mas, dado o diagnóstico posterior, incluíam presumivelmente sangramentos nas gengivas e narinas bem como petéquias, pequenos pontos vermelhos arredondados por toda a pele causados pelo vazamento de vasos capilares. Se o sangramento não para, os pontos crescem até se fundir, tornando-se púrpura.

Isso o teria alarmado e à sua família. Ele foi a um médico, que o hospitalizou. Em menos de 24 horas, estava morto.

A púrpura trombocitopênica idiopática (PTI) está relacionada à síndrome de Guillain-Barré, exceto pelos anticorpos desencadeados pela última reação imunológica que não ataca as células nervosas. Os anticorpos atacam as plaquetas, das quais o sangue necessita para coagular. Sem elas, uma pessoa simplesmente sangra por dentro até morrer. Se havia ocorrido no Brasil, a PTI não aparecera nas manchetes dos jornais ou na literatura médica. Quando a morte em Porto Rico foi confirmada, a PTI foi declarada também a causa de três mortes na Colômbia.

Era uma doença muito rara. Outra possibilidade assustadora veio à tona quando eu conversei com o dr.

W. Ian Lipkin, o famoso caçador de vírus que dirige o Centro de Infecção e Imunidade da Universidade de Columbia. Eu lhe perguntei sobre a hipótese de que a microcefalia seria a consequência de uma infecção inicial de dengue seguida pelo Zika. Ele afirmou que a microcefalia não precisa de um ataque duplo viral. Vários anos antes, disse ele, seu laboratório havia dado bornavírus a macacos (um vírus raro que atraiu pouca atenção até matar três alemães criadores de esquilos), e os filhotes tinham nascido microcéfalos.

O que as pessoas não compreendiam, disse ele, é que a microcefalia era apenas a ponta do iceberg. Em relação às crianças brasileiras cujas mães tiveram Zika, mas que pareciam saudáveis no nascimento, ele disse: "Eu não ficaria surpreso se víssemos um grande aumento de TDAH [Transtorno de Déficit de Atenção por Hiperatividade], autismo, epilepsia e esquizofrenia".

Esse era um pensamento terrível, respondi. Eu tinha suposto que os maiores danos seriam aparentes no nascimento. A esquizofrenia não ataca em geral jovens adultos?

Sim, disse ele, só apareceria mais tarde. Mas as infecções no cérebro do feto poderiam ter toda uma série de consequências. As gritantes eram óbvias; as mais sutis poderiam aparecer só em vinte anos. "Estamos vendo um grande grupo de indivíduos que talvez não sejam capazes de funcionar no mundo."

Não havia como saber qual resultado era o mais provável, acrescentou. Em 2010, seu laboratório havia infectado camundongos fêmeas grávidas com um vírus RNA sintético que se replicava nos cérebros dos fetos. Os resultados foram loucamente imprevisíveis.

"Se os infectávamos na metade da gestação, a prole apresentava o equivalente à depressão nos camundongos – eram retraídos, ficavam num canto da gaiola e não interagiam de jeito nenhum", disse ele. "Se fosse nos dois terços iniciais da gestação, ficavam hiperativos, o equivalente a pessoas maníacas."

Consultei outros especialistas em desenvolvimento do cérebro de fetos, e eles concordaram com Ian. A esquizofrenia perpassa as famílias, por isso supõe-se que esteja ligada a genes. É também provocada ou agravada por traumas como abuso sexual, abandono ou uso de drogas pesadas. Mas havia um crescente corpo de evidências de que as infecções no útero desempenhavam um papel no distúrbio. Por exemplo, adultos nascidos no fim do inverno e início da primavera tinham esquizofrenia com mais frequência do que aqueles nascidos no verão e no outono. A suspeita era de que os vírus das gripes que as mães contraíam pouco antes do nascimento causavam algum dano. O próprio vírus nem precisava atingir o cérebro do bebê: até a "tempestade de citocina", que o sistema imunológico da mãe gerava em resposta aos vírus, poderia atravessar a placenta.

Em 1988, pesquisas finlandesas examinaram as taxas de esquizofrenia em grupos etários e relataram que a taxa era muito alta na fatia da população nascida logo depois da gripe asiática de 1957.

Um pioneiro da pesquisa sobre esquizofrenia, o dr. E. Fuller Torrey disse acreditar que Rosemary Kennedy, a irmã mais velha do presidente John F. Kennedy, tinha sido uma vítima da gripe espanhola. Nascida no auge da doença em 1918, ela lutava para aprender a ler qualquer coisa mais difícil que *Winnie the Pooh* [Ursinho Pooh], e nos últimos anos da adolescência desenvolveu sintomas de esquizofrenia, inclusive surtos violentos. Aos 23, passou por uma das primeiras lobotomias pré-frontais, e viveu internada até sua morte. Alguns historiadores haviam atribuído sua doença à privação de oxigênio no nascimento, mas o dr. Torrey achava que um dano sutil da epidemia da gripe espanhola era uma explicação mais provável.

Não se saberá por muitos anos se haverá problemas psiquiátricos nos bebês com Zika. Agora, entretanto, os médicos no Brasil e em outros lugares estão descrevendo problemas que confirmam a premissa básica de Ian: a morte do feto e a microcefalia profunda são apenas a ponta mais extrema de todo um espectro de danos sofridos por esses bebês. Alguns têm cabeça com aparência normal, mas também pequenos locais vazios e calcificações no cérebro, produzidos quando as células morrem e param de preencher os espaços que deveriam. Os orifícios aparecem em diferentes partes do cérebro, por isso algumas crianças podem ter problemas com a tomada de decisões, enquanto outras talvez tenham dificuldade em correr ou caminhar. Foram igualmente observados danos aos nervos que ligam os olhos e os ouvidos ao cérebro.

Os cientistas da Polinésia Francesa e da França publicaram um estudo de acompanhamento das dezenove gestações em que fora detectado dano cerebral, em geral pela ultrassonografia. Onze desses fetos haviam sido abortados. (Em casos de grave malformação, a lei francesa permite o término até de uma gestação a termo, desde que as imagens tenham sido enviadas ao Centro de Diagnóstico Multidisciplinar Pré-Natal em Paris, e um comitê do centro tenha aprovado o aborto.)

Oito bebês eram claramente microcéfalos. Seis não o eram, mas tinham lesões cerebrais. Cinco pareciam ser normais, mas, depois do nascimento, apresentaram problemas que indicavam dano no tronco encefálico.

Dois morreram desde então. Seis que ainda estavam vivos tinham sido enviados à França ou à Austrália a fim de ser avaliados e tratados em hospitais neurológicos de primeira linha. Todos os seis tinham uma "grave deficiência neurológica". Nasceram incapazes de sugar, engolir ou limpar os pulmões, por isso viviam em unidades de terapia intensiva precisando de alimentação por meio de tubos e respiração artificial regular. Tinham também outros problemas, como epilepsia ou batimentos cardíacos irregulares, maxilares e línguas que não haviam se formado completamente e, por isso, bloqueavam em parte as vias aéreas.

Algumas das mães dos dezenove bebês, dizia o relatório, haviam tido Zika, mas eram assintomáticas. Não tinham recebido nenhum alerta antes de ver as imagens do ultrassom.

7

Transmissão sexual

Antes do Brasil, e até mesmo da Polinésia Francesa, os Estados Unidos tiveram um caso confirmado de Zika. Esse caso acabaria fazendo história médica, porque fornecia o primeiro indício de que o Zika podia ser transmitido por via sexual.

Aconteceu em 2008. Brian D. Foy, de 36 anos, magrinho e com aparência de menino, biólogo especialista em controle de vetores e pesquisador de malária na Universidade do Estado do Colorado, viajou ao Senegal, na África Oriental. Ele e um de seus estudantes da pós-graduação, Kevin Kobylinski, 27, estavam coletando mosquitos.

As fotografias da viagem mostram os dois sorrindo e parecendo figurantes esfarrapados do filme *Os Caça-Fantasmas,* com lanternas na cabeça e miniaspiradores de pó dentro da mochila com longos tubos de sucção para aspirar mosquitos do beiral das cabanas. Viam-se os dois em pé numa estrada de chão de terra, larga, localizada na zona rural. Era um dia claramente quente. Os dois vestiam calça cargo e camiseta. "Fomos muito picados", disse Brian mais tarde.

Por coincidência, eu tinha falado com Brian em 2011, e depois o encontrei numa conferência de medicina tropical. Sua pesquisa no Senegal tinha por base uma ideia que achei fascinante: combater a malária por meio de xenointoxicação, a palavra grega para "envenenar o hospedeiro". Os habitantes da vila, os moradores das cabanas onde ele e Kevin haviam coletado mosquitos, estavam tomando uma droga antiparasitária, a ivermectina. Depois de eliminar os vermes, essa droga permanecia no sangue por semanas, e, assim como fazia com os vermes, matava os mosquitos que sugavam o sangue. A teoria de Brian era que, ministradas com bastante frequência, as pílulas vermicidas poderiam eliminar a malária numa determinada área. (Outros especialistas consideravam a ideia inteligente, mas pouco prática, porque era difícil a distribuição de pílulas vermicidas em vilas remotas ainda que duas vezes por ano, e as pílulas causavam efeitos colaterais raros mas perigosos, que precisavam ser testados.)

Pouco depois de Brian retornar ao Colorado, ele e sua mulher, Joy L. Chilson Foy, enfermeira e mãe de seus quatro filhos, tiveram relações sexuais. Seis dias depois de sua volta, ele ficou doente, com uma erupção na pele, fadiga, dor de cabeça e articulações inchadas. Ele tinha certeza de que era algo transmitido por mosquitos que havia contraído no Senegal; a certeza tornou-se ainda maior quando Kevin ficou doente com os mesmos sintomas. Mas quatro dias depois, Joy também adoeceu. Os sintomas eram semelhantes embora piores; ela tinha olhos avermelhados que doíam à luz brilhante, uma forte dor de cabeça, calafrios e uma erupção intensa, bem vermelha, na pele.

Brian desenvolveu outros sintomas curiosos: dor entre as pernas e dificuldade para urinar, o que sugeria uma próstata inflamada, e depois um matiz marrom-avermelhado no sêmen, parecido com sangue. Joy "não estava nem um pouco feliz com tudo isso", ele lembrava.

Era um enigma: eles estavam no norte do Colorado. Joy não tinha saído dos Estados Unidos por um ano. Não havia mosquitos *Aedes* transmissores de doenças nas Montanhas Rochosas, e mesmo que houvesse um vírus contraído por um mosquito teria levado ao menos 15 dias para se reproduzir e passar do abdômen até as glândulas salivares do inseto.

A transmissão por mosquitos parecia impossível. Talvez, pensaram, por uma grande coincidência, Joy tivesse contraído algo transmissível que era diferente mas com sintomas similares. Mas não havia prováveis "candidatos" e, o que quer que fosse, as crianças não ficaram doentes.

Como Brian era cientista, conseguiu que tirassem amostras de seu sangue para exame, junto com o de Kevin e o de Joy. Algumas foram para o CDC a fim de serem testadas, outras ele guardou nos congeladores de seu laboratório.

O CDC fez o teste para doenças que se sabe circulantes na África Ocidental. As amostras de Brian e Kevin deram positivo para anticorpos de dengue. A de Joy, não.

Brian e Kevin poderiam ter contraído dengue em viagens anteriores. A resposta do CDC foi: "Achamos que vocês dois tiveram dengue. Não sabemos o que sua mulher teve".

Por mais de um ano, o mistério permaneceu nesse ponto, até que Kevin retornou ao Senegal. Enquanto estava lá, tomou uma cerveja com um entomologista do Departamento Médico da Universidade do Texas, chamado Andrew Haddow. Por sorte, ele era neto de Alexander Haddow, um dos descobridores do Zika. Depois de escutar os sintomas, ele sugeriu testar o sangue guardado para dezesseis vírus locais diferentes, inclusive o Zika, e assim que retornou para casa, ele os ajudou a fazer esses testes no laboratório da universidade, que tinha os reagentes corretos.

Brian e Kevin reagiram positivamente para dengue de novo e para febre amarela – o que fazia sentido, porque eles haviam tomado doses contra a doença. Mas todos os três, inclusive Joy, tiveram resultado positivo para anticorpos do Zika.

A única explicação óbvia era a transmissão sexual. Em 2011, Brian escreveu um artigo para a revista do CDC, *Emerging Infectious Diseases (EID)*.

"Se a transmissão sexual pudesse ser verificada em estudos subsequentes", concluía, "teria implicações importantes para a epidemiologia do vírus Zika e possivelmente para outros vírus transmitidos por artrópodes."

O artigo descrevia apenas o caso curioso dos Pacientes 1, 2 e 3, mas Martin Enserink, um repórter da revista *Science*, compreendeu que se tratava dos três primeiros coautores e telefonou para perguntar sobre a identidade deles, e Brian a confirmou.

Assim que Zika se tornou uma palavra corriqueira, Brian deu algumas entrevistas na TV sobre o caso. Joy não o acompanhou diante das câmeras. O artigo inicial na *EID* havia sido ilustrado com uma foto das costas nuas de Joy, cobertas de erupções. Mas ela queria que seus quinze minutos de fama como garota-propaganda da transmissão sexual de arbovírus terminasse aí.

"Esse negócio está se tornando sensacionalista", Brian me disse. "Não me importo, desde que não fique ridículo e louco demais. Tudo pela ciência. Mas ela está incomodada com toda a história."

Desde o seu caso, apenas um outro tinha aventado a possibilidade de transmissão sexual. Estava num artigo de importância relativamente menor, escrito por uma equipe científica da Polinésia Francesa. Seus membros e colegas em Nova Caledônia haviam sido os primeiros a descobrir que o vírus estava presente em altos níveis tanto na urina como no sangue (e os testes de urina eram mais precisos que os de sangue). O caso descrevia um taitiano de 44 anos que havia se recuperado recentemente de um episódio de febre que parecia Zika, mas que não fora testado para esse vírus. Ele finalmente procurou um médico, porque, embora a febre tivesse desaparecido, sentia dores genitais e apresentava sangue na ejaculação.

Os testes mostraram que ele já não tinha o vírus Zika no sangue, embora tivesse anticorpos. Ele tinha o vírus na urina, e níveis ainda mais altos do vírus no sêmen. Não estava claro qual era exatamente a fonte do vírus; a dor e o sangue sugeriam uma infecção nos testículos ou talvez na próstata. Os autores conjeturavam ser teoricamente possível que ele passasse adiante a infecção por meio do sexo, embora não houvesse sugestão de que isso tivesse acontecido.

Em 25 de janeiro de 2016, escrevi um artigo sobre os dois casos. O CDC havia emitido um alerta de viagem para grávidas apenas dez dias antes. As páginas do Zika no site à época continham uma breve nota apontando dois casos em que havia a possibilidade de transmissão sexual – o do casal Foy e o do homem do Taiti.

Telefonei para alguns especialistas em doenças infecciosas procurando saber o que pensavam. Dada a velocidade com que a doença estava se espalhando, essa possibilidade justificava mais alarme?

O dr. Weaver, do Departamento Médico da Universidade do Texas, disse que o risco era elevado o suficiente para gerar preocupação. Se ele fosse um homem com sintomas do Zika, "esperaria alguns meses antes de fazer sexo sem proteção. E se minha esposa estivesse em idade fértil, eu usaria proteção por algumas semanas".

O dr. William Schaffner, chefe de medicina preventiva na Escola de Medicina da Universidade Vanderbilt, disse pensar que apenas dois casos "não eram suficientes para justificar uma grande recomendação de saúde pública do CDC".

O mundo ainda estava tonto com o alerta de viagens do CDC com base em milhares de casos, e toda semana via mais dois ou três países acrescentados à lista.

"Mas é exasperador", acrescentou o dr. Schaffner. "Talvez algum outro órgão pudesse emitir uma recomendação. E isso deve ser estudado."

Seis dias mais tarde, em 2 de fevereiro de 2016, apareceu outro caso de transmissão sexual no Texas. Alguém morando em Dallas havia ido a um país onde o Zika estava circulando, retornara da viagem, tivera relações sexuais com um parceiro que não saíra do país, e ambos vieram a apresentar sintomas do Zika. Havia apenas uma explicação.

Telefonei para o Departamento de Serviços Humanos e de Saúde do Condado de Dallas pedindo mais detalhes. A porta-voz foi pouco prestativa, não querendo passar nenhuma informação. Ela disse somente que o outro país era a Venezuela. Só isso – nada sobre como o condado ficou sabendo dos casos, como tinha investigado a situação, nada.

Frustrado, passei um e-mail para Tom Skinner.

"Você tem alguém que possa falar sobre esse caso de transmissão sexual em Dallas? Acho que vamos ter de distribuir preservativos junto com mata-moscas."

Ele respondeu: "Telefone para Dallas. Confirmamos os resultados dos testes, mas Dallas é que fez a investigação".

Estourei. "Não venha com essa conversa de Dallas para cima de mim", escrevi. "Eles não emitem diretivas nacionais. O meu setor quer que eu escreva um artigo para a primeira página. Gostaria de falar com alguém assim que possível, por favor. Isso confirma o que os cientistas têm suspeitado – a transmissão sexual é possível. As páginas do CDC sempre mencionaram essa possibilidade bem lá no fundo, mas nenhuma orientação foi dada (por exemplo, preservativos, abstinência etc.). Os britânicos têm aconselhado os homens a usar preservativos depois de viagens para áreas do Zika. O CDC planeja emitir conselho semelhante?"

Três minutos mais tarde, ele me respondeu: "Teremos uma declaração para você assim que possível".

Devo mencionar que gosto de Tom. Agrada-me seu jeito brincalhão quando o escuto falar de sua família e recebo seus convites para acompanhá-lo naquilo que faz para se divertir – assistir a corridas da Nascar [Associação Nacional de Automobilismo Stock Car] com um grande scanner de rádio para que possa escutar as táticas entre os pilotos e a equipe nos boxes. Ele é muito bom e paciente em seu trabalho. Não é culpa sua que esteja confinado entre mim e seus chefes.

Uma hora e vinte minutos mais tarde, o CDC emitiu uma declaração estranhamente truncada. Descrevia os detalhes factuais do caso, e depois reiterava que a melhor maneira de driblar o vírus Zika ainda era se prevenir contra as picadas de mosquitos, e que os viajantes deviam evitar ser picados quando retornassem a suas cidades de origem para prevenir surtos locais. Repetia o conselho recente de que as mulheres deviam adiar viagens a áreas atingidas pelo Zika.

Mas a declaração continha duas frases que se referiam a sexo. Uma dizia: "Os parceiros sexuais podem se proteger usando preservativos para prevenir que se espalhem infecções sexualmente transmissíveis". Isso parecia ter sido tirado do conselho padrão do CDC a respeito da sífilis e do HIV. A outra era totalmente estranha às declarações do CDC: "As grávidas também devem evitar a exposição ao sêmen de alguém que foi exposto ao vírus Zika".

A conclusão dizia: "O CDC vai emitir uma orientação nos próximos dias sobre como se prevenir contra a transmissão sexual do vírus Zika, com foco nos parceiros sexuais masculinos de mulheres que estão ou podem estar grávidas".

Três dias mais tarde, em 5 de fevereiro, a agência divulgou normas mais detalhadas. Sugeriam que os homens com parceiras grávidas usassem preservativos ou se abstivessem de sexo ao longo da gravidez. Para as parceiras não grávidas, eles não especificavam por quanto tempo. (Alguns meses mais tarde, o CDC refinaria essas sugestões para oito semanas no caso de homens sem sintomas e seis meses no caso de homens com sintomas.)

Em retrospectiva, parte do recato em torno do episódio do Texas pode ter se originado de algo que não foi revelado à época. Quando o caso foi descrito na literatura dois meses mais tarde, revelou-se que ambos os parceiros eram homens. A porta-voz de Dallas tinha evitado usar, cuidadosamente, pronomes como "ele" e "ela". O CDC se dera ao trabalho de declarar que "neste caso não havia risco para um feto em desenvolvimento", quando poderia ter dito simplesmente que "a parceira não estava grávida". Não sei por que as agências de saúde relutavam em admitir que o sexo gay poderia transmitir o vírus – é uma informação útil e pertinente de saúde pública –, mas elas fizeram de tudo para esconder o fato. Em 31 de maio de 2016, a OMS relatou doze casos de provável transmissão sexual em países onde claramente não se podia culpar os mosquitos, e três casos em que o vírus Zika foi detectado no sêmen de homens. Todas as transmissões foram de homens para outros homens. Num dos casos, suspeitava-se de sexo oral, mas nada foi provado. Um homem ainda tinha o vírus em seu sêmen 62 dias depois de se recuperar da febre.

Política sexual e *timing* do CDC à parte, a ideia de que um vírus transmitido por mosquitos também pudesse ser transmitido pelo sexo era, para os cientistas, espantosa.

"Esta é uma mudança de paradigma", disse mais tarde Tyler M. Sharp, um epidemiologista do CDC. "Trabalho com arbovírus. Nunca me imaginei trabalhando numa DST [Doença Sexualmente Transmissível]."

Os vírus sofrem constantes mutações, as quais frequentemente mudam sua virulência. Algumas cepas de influenza se tornam letais ao produzirem proteínas que obstruem a resposta imune do hospedeiro, por exemplo.

Um aspecto, porém, permanece fixo: a maneira como são transmitidos. Muitos vírus têm invólucros esféricos, mas as superfícies desses invólucros são tão diferentes quanto as das bolas de tênis, as de beisebol e até da pipoca: elas são compatíveis com os receptores das células que infectam, e uma célula da garganta é muito diferente da que existe no intestino ou na vagina. Até recentemente, os cientistas acreditavam que um vírus da pele nunca evoluiria para um vírus do espirro, e que um vírus da picada de um inseto nunca seria transmitido pelo contato com uma haste do vagão do metrô.

Todo mundo compreende mutação. Um cachorro dinamarquês pode ser transformado num chihuahua. Mas esse novo dado era como um cachorro passar por uma mutação e adquirir a capacidade de voar.

O ebola havia desafiado o estereótipo, e isso só fora percebido dois anos antes, embora o ebola tivesse sido estudado por mais de trinta anos. O ebola é transmitido pelo sangue, pelo vômito, pelas fezes e pelo contato com cadáveres. É extremamente letal, mas os pacientes que se recuperaram da infecção têm sido considerados seguros. Foi então que, perto do final do surto na África Ocidental, uma mulher teve a doença, e a única explicação lógica apontava o sexo como forma de transmissão. O surto estava quase vencido, os casos na comunidade eram raros, e ela não tivera contatos familiares ou em funerais. Seu único risco consistia nas relações sexuais que mantivera com uma ex-vítima do ebola, que havia muito tempo tinha saído de uma unidade de tratamento, aparentemente curado.

Os cientistas, espantados, imaginaram que esse homem ainda devia ter vírus vivos nos testículos. Compreenderam que o ebola, em casos raros, podia irromper em zonas "imunologicamente privilegiadas" do corpo – áreas que são normalmente isoladas do sangue circulante e têm seus próprios fluidos sustentadores. Elas não são facilmente invadidas por um vírus, mas uma vez lá dentro, o vírus pode se replicar em paz, porque é difícil que os anticorpos e os glóbulos brancos entrem para matá-lo.

Os olhos são privilegiados, e quando o ebola invadiu o olho de uma vítima americana, o efeito bizarro foi a transformação do olho azul em verde durante meses. Os testículos também têm privilégio, presumivelmente para proteger o esperma de danos que poderiam ser passados para futuras gerações.

O Zika, como o ebola, parece ser capaz de abrir uma brecha nessa defesa. O sexo é agora considerado o segundo modo mais comum de transmissão da epidemia.

Até o momento, não foi publicada nenhuma estimativa científica da frequência com que isso ocorre. E muitas perguntas importantes continuam sem resposta. Um homem pode transmitir a doença sem jamais ter apresentado sintomas? Tem de haver sangue no sêmen? Uma mulher pode transmitir a doença?

Os cientistas simplesmente não sabem.

8

O primeiro caso em Nova York

O primeiro caso conhecido de Zika em Nova York não teve conexão com o Brasil. Ocorreu em 2013, mas muito pouco se falou na época. E como aconteceu com Brian Foy, o vírus chegou no sangue de um americano branco entrando na meia-idade, altamente educado.

Faço questão de dar essa informação porque recebo e-mails regulares de leitores dizendo coisas como: "Li seu artigo hoje sobre a doença X. Isso apenas prova que os imigrantes ilegais representam um perigo para nós. Com nossa vulnerável política de fronteira, qualquer um deles pode entrar nos Estados Unidos trazendo os vírus e ameaçando a saúde dos americanos. Por que você não escreve sobre isso?".

É verdade que os imigrantes trazem algumas doenças ao país. Mas também é algo que acontece com os americanos. Quando os e-mails não são demasiadamente rudes (e mais rude que eu é um patamar bem alto), respondo apontando que a gripe suína de 2009 se espalhou pelo leste dos Estados Unidos graças a um grupo de estudantes de uma escola secundária católica no Queens, em Nova York, que havia viajado ao México nos feriados da primavera. A epidemia do vírus do Oeste do Nilo foi quase provocada por um turista que voltava da Terra Santa; os primeiros casos apareceram no Queens (onde se encontra o Aeroporto Internacional JFK), e a cepa era idêntica a uma das que circulavam em Israel. E o último surto de poliomielite nos Estados Unidos, em 1979, ocorreu em comunidades amish em Iowa, no Missouri, na Pensilvânia e em Wisconsin. Um membro da seita havia contraído a doença numa assembleia menonita no Canadá. Os amish são americanos desde 1760.

Soube do caso por meio do e-mail de um relações públicas que representava o programa de Bolsa de Estudos Jonas Nurse Leader. Uma das participantes do programa, uma enfermeira clínica chamada Dyan J. Summers, havia escrito sobre o caso num artigo para o *Journal of Travel Medicine* e numa conferência para especialistas em medicina de viagem.

Quando telefonei, Dyan descreveu como o paciente havia entrado em seu consultório no Serviço Médico do Viajante de Nova York, na Madison Avenue. Era um paciente regular – um homem magro, em boa forma para seus 48 anos, que acabara de voltar de uma longa viagem com sua mulher por Equador, Peru, Bolívia, Chile, Ilha da Páscoa e Havaí, cuja escala foi feita na Polinésia Francesa. Ele puxou a camisa para fora do jeans e tirou-a, revelando uma erupção rosada que surgira havia onze dias.

"Eu dei uma olhada e disse 'febre provocada pela dengue'", lembrou Dyan. "Ele disse: 'Não tenho tanta certeza. Acho que é Zika'."

"Pensei: o quê?", disse ela. "Eu tinha *ouvido falar* de Zika. Mas ninguém estava *pensando* em Zika. Ninguém pensava em Zika até esse sujeito entrar no meu consultório."

"Você tem que entender", continuou, "esse é um sujeito muito, muito esperto, muito viajado. Ele conhece sobre segurança da água, toma pílulas contra a malária, sabe quais altitudes são inofensivas. Ele vem aqui tomar vacinas antes das viagens. Ele faz tudo sempre direitinho."

Como é que ele ficara sabendo sobre o vírus? "Na Polinésia, leu artigos sobre o Zika no jornal local."

Ela havia tirado uma foto das costas do paciente, e colhera amostras de sangue naquele momento, e de novo vinte dias depois. Na época, os protocolos de teste para o Zika no CDC diziam que só seria possível fazer um teste PCR para o próprio vírus se o sangue fosse colhido nos primeiros dez dias dos sintomas, e o paciente já tinha ultrapassado esse prazo. Do contrário, eram requisitadas duas amostras de sangue "convalescente" colhidas ao menos com duas semanas de intervalo, de modo a ser possível realizar ensaios de neutralização para comparar os níveis de anticorpos. O soro seria diluído várias vezes, e depois gotas seriam colocadas sobre superfícies cobertas com uma cultura de células que haviam sido infectadas com o Zika. Elas seriam checadas em alguns dias para ver quantas células os anticorpos haviam "salvado" da morte. Se uma gota mal diluída de sangue da primeira amostra salvasse metade das células, e uma gota muito diluída da segunda amostra também salvasse metade delas, o nível de anticorpos no sangue deveria ter aumentado.

No caso do paciente da enfermeira Dyan, como ele se expunha à área de circulação de mosquitos, apresentava anticorpos para dengue, Oeste do Nilo e Zika. Mas seus níveis de anticorpos para o Zika haviam se multiplicado cinco vezes nos vinte dias entre as duas amostras, enquanto as outras duas haviam permanecido estáveis. Era uma forte evidência de que ele estava se recuperando do Zika.

Quando falavam sobre as ramificações do vírus, a conversa se revelou estranhamente presciente. Primeiro, o viajante disse que tinha encontrado um artigo sobre um cientista no Colorado que havia infectado a esposa – o artigo de Martin Enserink sobre Brian Foy. Dyan buscou o artigo em seu computador, leu e aconselhou o paciente a não ter relações sexuais desprotegidas com a esposa. Quase três meses antes de o CDC emitir o mesmo conselho.

"O que é mais estranho", disse ela, "é que ele sabia que havia casos de Guillain-Barré conectados com o vírus."

Quando ele esteve no serviço médico do viajante na última semana de novembro de 2013, a dra. Mons e seus colegas haviam visto menos de uma dúzia de casos. Ainda se passariam algumas semanas antes que alguns artigos no jornal local mencionassem o caso, e meses antes que os médicos reunissem os dados e mandassem um relato para as revistas médicas.

Mais tarde, conheci o casal, que mora perto do Central Park. Eles pediram que eu usasse apenas o primeiro nome dele, Stephen, porque dirigiam uma agência de viagens de aventura com os nomes de casado. Ainda que ele tivesse se recuperado completamente anos atrás, "as pessoas podem reagir com um pouco de estranheza em relação a destinos exóticos", disse ele. "Podem ficar nervosas se encontrarem meu nome ao buscar Zika no Google."

Stephen tinha um bigode cuidadosamente aparado, óculos sem aro, e trabalhava como engenheiro de software – um sujeito meticulosamente organizado com uma inclinação para aventuras arriscadas e claramente em boa forma. Ele me descreveu uma montanha de Oahu, a Cratera Koko Head, que gostava de escalar. "É como uma escada de 214 metros, a escalada mais pesada do local. Geralmente, subo rapidamente, numa explosão de energia." O Havaí foi sua última escala antes de voltar para casa, e não ser capaz de escalar Koko Head, porque suas costas doíam tanto, fez com que compreendesse que estava com alguma doença grave.

Stephen e a mulher haviam feito uma longa viagem durante várias semanas, a maior parte do circuito em altitudes elevadas nos Andes, onde não tinham se preocupado com mosquitos. Mas na Polinésia, a escala antes do Havaí, eles ficaram num grande complexo residencial da família de um amigo, e tinham acampado no pátio central. Já haviam chegado preocupados com a dengue.

"Tínhamos uma barraca – havia uma tela contra mosquitos, com um fundo e tudo mais", disse a esposa. "Assim, nossa exposição aos mosquitos à noite era zero."

"A primeira coisa que fazíamos de manhã era passar repelente à base de DEET", continuou Stephen. "Por isso, os únicos momentos em que não havia nada sobre nossos corpos eram os poucos minutos da ducha. Eu tinha duas picadas visíveis. E matei um mosquito embaixo do chuveiro. Estava cheio de sangue, por isso eu sabia que ele tinha me picado."

A dor nas costas e a febre apareceram alguns dias mais tarde, no Havaí, tornando-se por fim tão fortes que "o Tylenol não aliviava nem um pouquinho". Surgiu uma erupção na pele de seu ombro, mas primeiro ele pensou que se tratava apenas de uma reação alérgica à tira da câmera.

Quando eles chegaram a Nova York, a febre havia atingido 39,5 graus, alta para o Zika, embora Stephen ainda não tivesse sido diagnosticado. Isso, ele pensou, poderia ser qualquer coisa, inclusive uma gripe. Ele e a mulher decidiram esperar mais um dia antes de procurar um médico.

No dia seguinte, a febre havia baixado. "Eu sabia que meu sistema imunológico tinha cuidado dela", disse. "Mas foi então que olhei no espelho. Da cintura para cima, era como se eu estivesse com sarampo. Eu disse, algo está errado comigo."

Eles chegaram à clínica pensando que se fosse dengue queriam saber logo, porque uma segunda infecção traria o risco de febre hemorrágica.

"Havia rumores no jornal local de que o Zika estava por perto", disse Stephen. Depois que deixaram a ilha, duas crianças no complexo residencial da família de seu amigo haviam contraído a doença. "É por isso que suspeitei do Zika."

Foi um bom encontro. Fiquei sabendo mais tarde, ao ler as matérias no PowerPoint do dr. Maller, o epidemiologista da Polinésia Francesa, que a semana em que o casal esteve na ilha tinha sido o pico absoluto do surto. Os médicos nas 76 ilhas habitadas notificavam novos casos ao índice de 3.600 por semana. Sobre a síndrome

Guillain-Barré, disse Stephen, ele ficara sabendo por intermédio de um jornalista local, de quem era amigo, que ouvira menções de um médico ou enfermeira e ainda estava examinando a questão.

No artigo sobre o caso de Stephen que Dyan escreveu para uma revista, ele, como Joy Chilson Foy, aparece apenas como um dorso coberto de erupções na pele. "Sou uma pessoa curiosa, por isso é legal que eu seja meu próprio experimento científico", disse ele em fevereiro. "Mas agora sou o Homem Zika. Ótimo – tenho que arrumar uma fantasia!"

9

Os rumores

Os rumores tiveram início assim que os primeiros alarmes começaram a soar, bem antes que o CDC emitisse o parecer sobre viagens ou que a OMS declarasse emergência de saúde pública.

As fotos das crianças no Brasil eram tão chocantes que as pessoas tinham dificuldade em acreditar que uma doença sob outros aspectos branda pudesse causar problemas tão sérios. Elas lembravam muitas consequências de grandes desastres: vítimas da radiação em Hiroshima, crianças com malformações provocadas pela talidomida ou pelo Agente Laranja [mistura de herbicidas usado na Guerra do Vietnã] ou pelo envenenamento de mercúrio em Minamata, no Japão.

Os rumores eram semelhantes: o vírus não era a causa real. A mídia era formada por um bando de idiotas crédulos. A causa real era X. Soube de alguns desses boatos ao ler publicações ou seguir links pelas "tocas do coelho" da internet. Sobre outros, fiquei sabendo porque os leitores me escreviam, dizendo que eu era um idiota ingênuo e deveria examinar a causa X.

De acordo com o primeiro rumor, o culpado eram mosquitos geneticamente modificados, liberados no Brasil para combater a dengue.

Outro falatório atribuía a culpa a alguma forma de pesticida químico. A primeira versão que escutei afirmava que se tratava de Roundup, o herbicida matador de ervas daninhas. A segunda versão, que se tornou muito mais tenaz, dizia que o problema foi um larvicida colocado na água estagnada para matar as larvas dos mosquitos, inclusive em barris de água potável que milhões de brasileiros carentes mantinham ligados a canos que faziam correr dos telhados de zinco de seus barracos.

Um terceiro cenário culpava as vacinas. Uma versão dizia que o Brasil havia importado um lote ruim de vacina contra a rubéola, por isso as mães ficaram desprotegidas, e a rubéola era conhecida por causar microcefalia. Outra interpretação apontava para a nova vacina contra a pertússis – a coqueluche – que o Brasil havia recentemente introduzido em seu sistema de saúde.

Outro rumor – que me causou muita dificuldade de compreensão, porque no início foi defendido por um ilustre pesquisador de mosquitos de Yale que trabalha no Brasil – indicava que não havia realmente um aumento dos casos de microcefalia. Tudo não passava de um grande mal-entendido. O Brasil, dizia o argumento, havia subestimado gravemente os casos de microcefalia durante anos. Agora que alguns hospitais haviam apresentado grupos de pessoas – e grupos são normais em estatística –, o pânico na mídia tinha levado o Ministério da Saúde a alertar os médicos em todo o país, que passaram a notificar toda criança com cabeça pequena. Era apenas um caso de contagem exagerada.

Por várias semanas, senti que apenas apagava incêndios. Novos desenvolvimentos graves estavam ocorrendo, inclusive a declaração de emergência da OMS. Mas tudo parecia alimentar os boatos. Por exemplo, quando a dra. Chan e o dr. Heymann anunciaram a PHEIC [Public Health Emergency of International Concern], enfatizaram que a emergência não era a rápida disseminação do vírus, mas a suspeita de conexão com a microcefalia. As palavras da dra. Chan foram particularmente cautelosas: "Embora uma ligação causal entre a infecção do Zika na gravidez e a microcefalia – e devo enfatizar – *não* tenha sido estabelecida, a evidência circunstancial é sugestiva e extremamente preocupante".

Essa advertência – que a ligação *não* foi estabelecida, depois de todas as manchetes enfatizando o elo – foi pulada pelos repórteres, colunistas e líderes de opinião no Twitter. Todo mundo queria provar que era demasiado esperto para acreditar na sabedoria convencional. Toda entrevista coletiva via audioconferência que escutei, de Genebra ou Atlanta, tinha a mesma pergunta repetida inúmeras vezes: "Vocês sabem que o Zika causa microcefalia? Qual é a evidência? Algumas pessoas dizem que é uma espécie de X – que resposta vocês têm para lhes dar?".

A frustração sobre as entrevistas coletivas via audioconferência é que em geral todo mundo só pode fazer uma pergunta, e era vergonhoso para a profissão a estupidez de algumas dessas questões, como "Alguns dizem que é X". Os melhores repórteres de saúde faziam boas perguntas, mas quem estava na fila conseguia uma única breve oportunidade de falar, e nada mais. Quando a entrevista coletiva terminava, eu atirava longe meus fones de ouvido – era até mais fácil do que nos velhos tempos, quando os grandes e pesados receptores da AT&T* podiam causar sérias cicatrizes na pintura das cinzentas máquinas de escrever Royal do *Times*.

Cada um dos rumores tinha um cerne de verdade que o tornava verossímil. E, quando cada um era desmascarado, outro tomava seu lugar. Os principais funcionários da saúde estavam arrancando os cabelos; tentavam explicar a ciência e alertar as pessoas para que se protegessem, mas, em vez disso, eram constantemente solicitados a contestar novas provas de que a terra é chata. Pior, nos próprios países, cada boato deixava as pessoas na área de circulação do vírus mais propensas a um desdém indiferente. Se o governo diz, "Esta doença do mosquito é perigosa", mas um sujeito na barbearia diz, "Escutei que os brasileiros entraram em pânico – você sabe como são os brasileiros" ou "Escutei que é um produto químico americano na água potável – Monsanto, sabe", então outros clientes deixam de comprar telas para as janelas porque não querem parecer burros.

Algo semelhante havia acontecido durante a epidemia de ebola de 2014 – o surto inicial ocorreu entre o povo kissi no interior onde se encontram as fronteiras de Guiné, Libéria e Serra Leoa. Mas esses três países são governados por elites nas capitais – nos casos de Serra Leoa e Libéria, por descendentes de escravos libertos de

* Empresa americana de telecomunicações. (N.E.)

britânicos e americanos. Eles menosprezavam os "africanos retrógrados" do interior, que por sua vez desconfiavam deles. Assim, quando chegou das capitais a afirmação de que o ebola matava, junto com a ordem para que as pessoas deixassem os parentes doentes serem levados por equipes portando trajes espaciais, comandadas por estrangeiros brancos e borrifando água sanitária por todos os lados, e para que abandonassem seus costumes perfeitamente prudentes e estimados como lavar o sangue e o vômito de um corpo antes do funeral, ou poder colocar a mão num ente querido para dizer adeus, elas se rebelaram. Espalhou-se o rumor de que era tudo uma trama das elites para tirar dinheiro de europeus e americanos. As pessoas escondiam os doentes e faziam funerais clandestinos. Uma equipe médica foi atacada e assassinada com machetes. A epidemia se espalhou em parte porque as pessoas comuns levaram alguns meses para admitir que era algo grave.

Isso é tristemente normal. Toda nova doença surfa em uma onda de falatório. Tive uma longa conversa com o dr. Howard Markel, um historiador da medicina na Universidade de Michigan. "Os rumores são o sangue vital de toda epidemia", disse ele.

Markel citou toda uma série de exemplos. A Peste Negra na Idade Média foi atribuída aos judeus, acusados de envenenar os poços cristãos. No início, pensava-se que a Aids teria surgido por causa do "estilo de vida gay", incluindo sexo anal, dança em discotecas e drogas à base de nitrato de amil, mais conhecidas como poppers. Mas sua história favorita era mesmo a que se espalhou durante a epidemia de cólera de 1892, na cidade de Nova York: a causa seria o peixe. As vendas dos comerciantes despencaram, por isso o lobby deles procurou apoio no Conselho de Saúde, cujo presidente deu um jantar público e serviu peixe para dissipar o disse me disse.

Mas todo rumor tinha alguma lógica. As cidades medievais possuíam guetos judaicos, e a Peste Negra às vezes atingia esses lugares só mais tarde. Não que os guetos não tivessem ratos, mas ninguém sabia que os ratos e as pulgas eram o problema. Até as doenças de ratos são disseminadas pelas pessoas – os ratos viajam junto com as cargas de grãos que chegam ao mercado vindo de fora da cidade, por exemplo. Os mercados judaicos talvez não fossem tão conectados com o campo agrário quanto os cristãos. Os poços são cavados em bairros, assim os judeus e os cristãos tiravam água de poços diferentes. Se num bairro as pessoas estavam morrendo e no outro não, a teoria do envenenamento dos poços podia parecer plausível.

Os peixes são um alvo lógico para arcar com a culpa pelo cólera. *Vibrio cholerae* é uma bactéria transmitida pela água. A água de esgoto, e não a carne dos peixes, é que dissemina as bactérias. Mas elas vivem em animais que se alimentam por filtragem, como as ostras, e o porto de Nova York naqueles tempos era famoso pela enorme quantidade de ostras que servia de alimento padrão às pessoas carentes. Assim, embora os peixes fossem inocentes, havia a possibilidade de os mariscos não o serem, ainda que o problema real fosse a água potável poluída.

Era ridículo o rumor de que a "Aids é uma doença do estilo de vida gay", ainda mais quando os médicos compreenderam em um ou dois anos que a síndrome era a mesma da "doença da magreza", disseminada por toda a África Central e Oriental. Mas os pesquisadores levaram mais dois anos para encontrar o vírus que a causava. E os boatos persistiam, quando pessoas ilustres os endossavam. Peter H. Duesberg, um respeitado biólogo molecular na Universidade da Califórnia em Berkeley, insistiu por quase uma década que drogas recreativas e o primeiro remédio para o HIV, o AZT, eram as causas reais dos sintomas e da morte. E após mais de uma década, quando a doença estava disseminada na África do Sul, o presidente desse país, Thabo Mbeki, leu sites "negacionistas da Aids" e recusou-se a deixar que hospitais públicos oferecessem a terapia antirretroviral tripla, afirmando que era uma trama das companhias farmacêuticas ocidentais com o objetivo de vender remédios caros para a África. Um estudo de 2008 feito por pesquisadores de Harvard estimou que a política de Mbeki havia acarretado 365 mil mortes, inclusive as de 35 mil bebês.

Havia tanto falatório sobre o Zika, com tantas facetas, que meus editores me pediram para escrever uma longa matéria explicando por que aquilo tudo não era verdadeiro.

O cerne da verdade por trás do rumor do mosquito era que a Oxitec, uma companhia britânica fundada por cientistas de Oxford, havia criado um mosquito macho geneticamente modificado. Ele saía à procura de mosquitos fêmeas para se acasalar, mas tinha um gene que encurtava a própria vida e, o mais importante, era passado a toda a sua prole e causava a morte de 95 por cento desses novos mosquitos antes que chegassem à idade adulta. (A Oxitec já estava modificando os mosquitos *Aedes aegypti,* porque espalhavam a dengue, que andara grassando nos trópicos asiáticos e africanos por décadas e no Brasil desde 1981.) A Oxitec havia feito recentemente testes de campo no Brasil, tendo a maior liberação de mosquitos ocorrido em Piracicaba (SP). Isso gerou manchetes nos jornais porque as palavras "geneticamente modificados" deixam muitas pessoas nervosas, tanto no Brasil como no Brooklyn. Mas Piracicaba fica a 2.735 quilômetros de Recife, o epicentro da microcefalia. Os mosquitos voam menos de um quilômetro e meio nos períodos de vida. Além disso, a quantidade de mosquitos que a companhia criou e liberou foi calculada para cobrir alguns bairros. Eles eram uma gota no oceano de bilhões, até trilhões, de mosquitos que infestam a América do Sul. Além do mais, os mosquitos machos bebem néctar das flores, e não sangue. Não picam pessoas. A Oxitec havia realizado testes de campo antes – nas Ilhas Cayman, na Malásia e no Panamá – e não foi apontado aumento nos casos de microcefalia.

Escutei o rumor do Roundup de uma ex-colega do jornal com quem eu não me encontrava havia muitos anos. Ela escreveu um longo e combativo e-mail para uma vizinha, que por acaso é minha ex-sogra e o repassou para mim.

"Meu cérebro de repórter dado a conspirações", começava, "tem ruminado durante o pânico do vírus Zika sobre se esses defeitos de nascença não poderiam ter outra causa."

Ela havia acompanhado por muito tempo os esforços dos ambientalistas para conseguir que o Roundup fosse proibido ou rotulado como um produto cancerígeno, e a Monsanto estava contra-atacando com táticas de "intimidação", como processar os agricultores havaianos que reclamassem das sementes geneticamente modificadas que, carregadas pelo vento, penetrassem em seus campos.

O Nordeste do Brasil, dizia minha ex-colega, tinha imensos campos de cana de açúcar e soja onde o Roundup era usado, "e continuo a me perguntar se o vírus não está sendo acusado de algo que é causado pelo pesticida, o que seria realmente oportuno para a Monsanto".

A sua esperança, ela terminava, era que "o *Times* começa a dar tanta atenção aos perigos do Roundup quanto aos perigos de um novo vírus".

O Roundup também suscitou o bicho-papão GMO [sigla em inglês de Organismos Geneticamente Modificados], porque não funcionava como os primeiros herbicidas. Como os outros, matava plantas de folhas largas, incluindo a maioria das ervas daninhas, mas não matava plantas geneticamente modificadas para resistir a ele. Os agricultores que o usavam tinham de comprar sementes "Roundup Ready" (que querem dizer resistentes a Roundup), da Monsanto, criando uma dependência que os ambientalistas achavam especialmente perniciosa.

Mas a fragilidade da argumentação era que o Roundup havia sido usado por todos os Estados Unidos e grande parte do mundo desde 1974 sem desencadear nada parecido com o que estava acontecendo no Brasil. Como todos os produtos químicos agrícolas, ele pode ser tóxico em doses bastante elevadas. Os trabalhadores rurais tomam precauções, como usar luvas e não inalar a névoa da pulverização.

Ele tinha sido pulverizado, porém, sobre milhões de acres por décadas. Além disso, as vítimas do Brasil não trabalhavam em grandes latifúndios do Nordeste. Eram estudantes, vendedores de sorvete, pedreiros, caixas de padaria. Muitas residiam em favelas urbanas, onde não havia espaço para cultivar nada, nem 30 gramas de Roundup por perto.

Quando mencionei para Dyan Summers, a enfermeira clínica, que estava escrevendo sobre esse boato, ela explodiu numa gargalhada. Ela tem um modo sardônico e vibrante de caçoar que lembra uma Dolly Parton jovem. "O meu pai era um vendedor de Roundup", disse. "Ele costumava chegar em casa recendendo ao cheiro desse negócio. E posso soar um pouco arrogante, mas *definitivamente* não sou microcéfala."

O disse me disse sobre um larvicida veio de uma fonte diferente, embora o espectro da Monsanto fosse mais uma vez evocado. Começou quando um grupo de médicos argentinos, autointitulados Médicos das Cidades com Safras Pulverizadas, publicou um "relatório" pondo a culpa no piriproxifeno, um produto químico que o Brasil andava borrifando na água potável desde 2014 para combater a dengue. O relatório chamava a Sumimoto, a gigante japonesa de produtos químicos que fabricava o piriproxifeno, de "subsidiária da Monsanto", o que ela não é, embora as duas companhias tivessem colaborado em alguma pesquisa no passado.

Mark Ruffalo, o famoso ator que fez o papel do dr. Bruce Banner e seu alter ego Hulk nos filmes *Os Vingadores* e ativista ambiental, foi um dos que retuitaram o relatório argentino, ajudando a torná-lo viral nas redes sociais.

Ao contrário de alguns mosquitos, as fêmeas do *Aedes* preferem pôr seus ovos em água limpa. (Esse talvez seja o modo como chegaram ao Novo Mundo vindo da África, pondo ovos na água potável armazenada em navios negreiros.)

Era verdade que alguns estados e cidades brasileiros tinham usado piriproxifeno por meses ou anos para combater a dengue e pulverizado o produto, ou jogado pílulas com a substância, na água potável – em grandes tanques de retenção de águas pluviais nos topos dos morros e nos barris de água da chuva captada por calhas nas casas.

O piriproxifeno é registrado como seguro exatamente para esse fim. É um produto químico capaz de imitar o hormônio do inseto para avisar as larvas que devem parar de crescer. Os hormônios de insetos não causam danos aos humanos e vice-versa. As criaturas com esqueletos internos, como nós, divergiram das criaturas com exoesqueleto há tanto tempo no passado evolutivo que cada grupo desenvolveu conjuntos diferentes de proteínas sinalizadoras. Os insetos e os humanos têm pernas, mas elas recebem sinais químicos muito diferentes. É por isso que as crianças na América do Sul da década de 1950 podiam correr atrás dos caminhões pulverizadores, brincando nas nuvens de cheiro doce de DDT, enquanto os insetos que voassem nessas nuvens tinham instantaneamente espasmos e morriam contorcendo-se. O DDT imita o elemento químico que manda os músculos dos insetos se contrair.

As agências governamentais brasileiras diziam que algumas cidades com casos de microcefalia não usavam o piriproxifeno. Usavam produtos alternativos como o inseticida temefós, ou não utilizavam nada. E algumas cidades que faziam uso do piriproxifeno não tinham casos de microcefalia.

A substância era utilizada nos Estados Unidos desde 2001. Com marcas como Nylar, Sentry e Flee, ainda é vendida para o tratamento de pulgas em cachorros e gatos e como spray contra pulgas nos tapetes. Por quinze anos, os bebês americanos têm engatinhado nos tapetes e posto as mãos na boca.

Os rumores que culpavam as vacinas eram rotina. O lobby contra as vacinas é constante, atribuindo a elas a culpa de quase tudo. Às vezes se supõe equivocadamente que a oposição às vacinas começou com os rumores sobre a vacina de sarampo e a onda de autismo com início na década de 1980. Na realidade, remonta a séculos atrás. Quando o dr. Edward Jenner, às vezes considerado o pai das vacinas, publicou os resultados de seus experimentos de 1796, muitos médicos respeitáveis rechaçaram os dados. Jenner havia cravado um bisturi na ferida de uma das mãos de uma agricultora que tinha varíola bovina – uma infecção branda do úbere da vaca que os humanos podem pegar –, tirado um pouco de pus e perfurado o braço de um menino chamado James Phipps, contaminando-o intencionalmente com varíola bovina. Depois que James se recuperou da doença, Jenner o expôs intencionalmente à varíola, e ele não ficou doente.

A descoberta de Jenner representa um marco médico, mas naqueles tempos a maioria das pessoas ainda acreditava que as doenças fossem causadas por ar ruim ou desequilíbrio de humores. A "teoria dos germes" – que a doença fosse causada por criaturas demasiadamente pequenas para ser vistas – era nova e controversa, e muitas pessoas a rejeitavam. A ideia de introduzir deliberadamente pus infectado numa criança ofendeu muitas pessoas comuns, inclusive muitos clérigos, que se manifestaram contrários ao experimento, declarando-o repulsivo e um desafio à vontade de Deus.

Culpar as vacinas tornou-se tão rotineiro que desta vez os rumores caíram em ouvidos moucos. Não havia evidência de que o Brasil tinha comprado vacinas ruins contra a rubéola, porque não ocorrera nenhum surto nove meses antes. É verdade que o Brasil tinha introduzido em tempo relativamente recente uma nova vacina contra difteria/tétano/pertússis. Mas essa era uma mudança que muitos países, inclusive os Estados Unidos, haviam feito anos antes. O novo componente "acelular" – feito de bactéria de pertússis quebrada em vez de bactéria inteira enfraquecida – foi desenvolvido porque a antiga vacina tinha sido acusada de provocar de vez em quando convulsões. Não tinha nenhuma relação com microcefalia.

O rumor de que tudo não passava de uma contagem exagerada foi o mais penoso.

Não estou seguro de como teve início – provavelmente entre cientistas no Brasil, porque alguns deles, até na Fundação Oswaldo Cruz, acreditavam no boato.

Escutei o rumor pela primeira vez de Jeffrey R. Powell, um professor de biologia evolutiva de Yale, altamente respeitado, que, entre outras atividades, estuda a genética dos mosquitos *Aedes*. Seu laboratório fez pesquisas no Brasil e acabara de mudar o foco para incluir o Zika.

Em 28 de janeiro, ele enviou a Simon Romero e a mim o rascunho de um artigo de opinião que havia escrito afirmando que o aumento dos casos de microcefalia era ficção.

Os editores o rejeitaram, disse, mas ele achava que poderíamos nos interessar pelo que pensava.

Era claramente o texto de um cientista, conciso e repleto de evidências. Observava que o vírus tinha estado na África e na Ásia por décadas, sem jamais causar um aumento repentino de microcefalia. Notava que os testes com anticorpos para o Zika não eram confiáveis em ninguém que tivera dengue ou febre amarela, o que era o caso de muitos brasileiros. E sua ideia central era que o Ministério da Saúde do Brasil, no meio do processo de contagem, havia expandido a definição de cabeça microcefálica, que passou de um diâmetro de 32 centímetros ou menos para 33 centímetros ou menos.

"A mudança na definição", ele escreveu, "aumenta cinco vezes o que é classificado como microcefalia." Seu artigo terminava: "Se tivermos sorte, em um ano e pouco talvez possamos olhar para trás e concluir que o pânico que ocorre no momento, mais precisamente no Brasil, não era justificado."

Se ele estivesse certo, Simon, eu e o *The New York Times* faríamos papel de bobos. Tínhamos colocado artigos sobre a epidemia na primeira página por meses, insistindo muito mais que os outros veículos da mídia.

Mesmo quando recusavam algo, os editores dos artigos de opinião às vezes passavam ideias provocadoras como essa para os editores da redação. Além disso, os artigos que eles recusavam acabavam de vez em quando no *The Wall Street Journal* ou em algum outro jornal. De qualquer maneira, eu ia ser interrogado sobre essa hipótese.

Um mês antes, quando eu começara a escrever os artigos, eu tinha lido todos os relatórios da OPAS [Organização de Saúde Pan-Americana]. E eu me lembrava de ter lido que o Ministério de Saúde do Brasil mudara sua definição no meio da investigação sobre o vírus. Mas do que eu me lembrava era que ela tinha sido mudada na direção *oposta*.

Remexi em antigas reportagens até encontrar aquilo de que eu lembrava, e enviei uma nota ao dr. Powell: "A menos que eu esteja interpretando mal esta página da OPAS/OMS, a mudança na definição da microcefalia que o Brasil fez dezembro passado foi na direção oposta. Antes, os recém-nascidos com cabeças menores que 33 centímetros eram considerados microcéfalos, agora eles deviam apresentar menos que 32 centímetros. Normalmente, isso significaria que muito menos crianças seriam classificadas como microcéfalas, não?".

A primeira resposta do dr. Powell foi que essa informação contradizia o que ele havia escutado do Brasil, e ele queria checar novamente os dados. Mais tarde, escreveu dizendo afavelmente: "Bem, parece que eu estava errado, e muito obrigado, Donald, por me corrigir".

A história não teve um ponto final. Onde quer que tivesse iniciado, o rumor estava no ar e se propagando. Eu estava na Califórnia à época, visitando minha madrasta, que definhava com uma doença na medula óssea, e depois aproveitei uns dias de folga para descer a costa de carro. Os editores do jornal tinham mais dificuldade que a de costume para entrar em contato comigo.

Então, em 3 de fevereiro, o Brasil publicou os resultados da primeira análise com base em milhares de casos notificados de microcefalia. Outro colega no Brasil, Vinod Sreeharsha, fez a cobertura.

Os resultados pareciam bem ruins:

Desde outubro de 2015, 4.783 casos de microcefalia haviam sido notificados.

O Ministério da Saúde tinha investigado até o momento 1.133 desses casos.

Entre os últimos, apenas 404 tinham sido confirmados como microcefalia.

Desses 404, somente dezessete deram positivo para o vírus Zika.

Podia-se facilmente concluir que os céticos tinham razão: era tudo erro de contagem.

Passei um e-mail a Vinod. Ele estava infeliz – sua área habitual eram reportagens de negócios e política, e, como *stringer* [correspondente que não pertence à equipe do jornal e trabalha com horário mais flexível], ele não tinha influência na editoria. Os editores tinham lido o relatório e preocupavam-se com a possibilidade de o primeiro rumor estar correto. Ele tinha se sentido pressionado a ser cauteloso e enfatizar a possibilidade de que o Brasil tivesse superestimado os casos notificados. Outros veículos de comunicação estavam sendo ainda mais enfáticos em dizer que os números sugeriam que tudo não passava de um erro.

Vinod tinha explicado – corretamente – que o Brasil havia estreitado a definição de microcefalia, e ele tinha citado dois especialistas, um brasileiro e um americano, que afirmavam ter sido uma decisão medicamente correta. Mas esses parágrafos estavam bem perto do fim da reportagem, depois de um longo texto afirmando que uma contagem superestimada era possível. No geral, a reportagem servia como um resumo para os que estavam em dúvida.

O título enfatizava o ceticismo: "Defeitos de nascença no Brasil podem estar superestimados por conta do medo do Zika".

Na manhã seguinte, o dr. Powell me escreveu de novo, dizendo que o artigo era exatamente o que ele suspeitava.

Definições ambíguas de microcefalia e exames malfeitos tinham "se combinado para dar partida a toda a comoção".

Foi nesse ponto que se manteve a discussão por algum tempo. Dados eram dados. A OMS havia declarado uma emergência global apenas dois dias antes. Se os céticos tivessem razão, ela também faria papel de boba.

Mas eu estava seguro de que a microcefalia era real, por uma razão bem simples: para acreditar que se tratava apenas de um erro de contagem, era preciso supor que todos os clínicos da terapia intensiva neonatal em pelo menos quatro cidades do Nordeste do Brasil estavam enganados. Nas entrevistas que Simon e Sabrina tinham enviado, e em muitas outras que eu havia lido, todos disseram a mesma coisa. Durante anos tinham visto, quando muito, dois ou três bebês microcéfalos por ano. Agora estavam tratando de uma dúzia em suas enfermarias. Nenhum especialista neonatal deixa de perceber uma cabeça malformada. Nas fotos, os bebês não tinham cabeças apenas um ou dois centímetros abaixo do normal. Elas eram verdadeiramente minúsculas.

Em retrospectiva, o Ministério da Saúde brasileiro talvez tenha errado em divulgar os resultados de sua investigação tão cedo. Foi um desastre de relações públicas. O Ministério estava optando pela transparência, mas a pequena porcentagem de casos confirmados e o número diminuto de casos em que fora possível detectar o vírus Zika davam a impressão de que a agência havia dado um alarme falso.

Algumas semanas mais tarde, o Ministério aumentou seus problemas de relações públicas quando parou de divulgar o número de casos não confirmados. Fez essa mudança numa tentativa de acabar com os rumores, mas passou a impressão de que estava procurando esconder a verdade.

Desde então, a contagem confirmada havia subido para mais de 1.400 casos.

Era, sem dúvida, verdade que o Brasil tinha historicamente subnotificado a microcefalia. Com uma população de 200 milhões de habitantes, notificava uma média de 163 por ano. Na Europa e nos Estados Unidos, as taxas de prevalência eram ao menos duas e talvez quatro vezes mais elevadas, dependendo da definição de microcefalia empregada.

Ainda assim, isso não chegava nem perto de explicar o que havia acontecido. O Nordeste do Brasil, mais esparsamente povoado que o Sul, notificava 40 casos por ano, um quarto do total nacional. Apenas em seis meses, de outubro de 2015 a março de 2016, os estados nordestinos juntos notificaram 876 casos confirmados, quase 90 por cento do total nacional.

Havia uma explicação sensata para o vírus ser encontrado em apenas 4 por cento dos casos confirmados. A maioria das mães teria sido infectada nos primeiros trimestres, seis a nove meses antes. Os anticorpos eliminam o vírus em duas semanas. Eu fiquei surpreso que ainda houvesse vírus vivos em *algum* bebê. Vinha sendo observado desde então, em exames de sangue de mulheres e nos experimentos com macacas grávidas realizados pelo dr. O'Connor na Universidade de Wisconsin, que às vezes eles persistem. Como conseguem persistir é outro mistério médico.

Esses eram os rumores no início de fevereiro de 2016 – e as respostas dadas sobre o Zika. As pessoas teriam de esperar por mais evidências e então decidir se as consideravam convincentes.

10

A prova

Em 1º de fevereiro de 2016, quando a OMS declarou emergência com base na *possibilidade* de o Zika causar microcefalia, os repórteres perguntaram aos funcionários da OMS quais evidências eram necessárias para que essa relação causal ficasse comprovada.

Inicialmente, tanto o dr. Bruce Aylward, que estava encarregado de responder, como o dr. Heymann, o presidente do comitê de aconselhamento, deram a mesma resposta: um grande estudo caso-controle.

Os cientistas na América Latina, diziam, já estavam recrutando grávidas para uma pesquisa desse tipo. Eles haviam cadastrado cerca de 5 mil mulheres, a maioria da Colômbia, algumas do Brasil, algumas de outros lugares. Elas tinham obrigatoriamente de estar grávidas e de obter resultado positivo em testes para o vírus. Esses eram os "casos". Agora, eles tratavam de cadastrar os "controles": um número aproximadamente igual de grávidas que não tinham o Zika. Os médicos tentariam casar os dois grupos o mais aproximadamente possível: mesma idade, mesma raça, mesmo bairro, mesmo nível de renda, mesmo histórico médico, especialmente em relação a infecções anteriores de dengue ou chikungunya. (Obviamente, se uma mulher no grupo de controle contraía o Zika durante o estudo, seria deslocada para o grupo dos casos.)

Os médicos monitorariam os dois grupos até os bebês nascerem e comparariam os resultados. Se o grupo do Zika tivesse um número muito maior de bebês com microcefalia do que o grupo de controle, eles poderiam dizer definitivamente que o Zika era a causa.

Esse era um "estudo de coorte prospectivo", o padrão ouro em epidemiologia. As primeiras mulheres cadastradas deviam começar a dar à luz em maio e junho, dizia o dr. Aylward, por isso a prova final teria de esperar até que esses dados ficassem prontos.

De fato, a ciência avançou com mais rapidez.

Em 31 de março, sem nenhum alarde, a OMS realizou uma mudança sutil mas importante numa frase em seu relatório semanal do Zika. Dizia:

"Com base em estudos observacionais, de coorte e de caso-controle, há um forte consenso científico de que o vírus Zika é a causa da síndrome de Guillain-Barré, microcefalia e outros distúrbios neurológicos."

Um "forte consenso científico" marcava uma mudança em relação aos relatórios anteriores, que diziam ser "altamente provável" que o Zika fosse uma das causas.

Em 13 de abril, o CDC deu o veredito definitivo. Seu diretor, o dr. Frieden, agendou uma entrevista coletiva vespertina com os líderes de sua equipe do Zika e declarou inequivocamente: "Agora está claro, o CDC concluiu que o Zika causa *realmente* microcefalia".

Era "uma associação sem precedentes" na medicina, acrescentou. "Nunca antes na história houve uma situação em que uma picada de mosquito pudesse resultar numa malformação devastadora."

O que levou as agências a mudarem de opinião sobre aguardar o grande estudo? Uma série de pequenos estudos.

O número de casos de microcefalia confirmado no Brasil apenas continuava a crescer. Antes da declaração do CDC, ultrapassara o marco de 1 mil, com quase 900 agrupados no Nordeste.

A essa altura, os bebês microcéfalos não nasciam apenas no Brasil, mas na Colômbia, no Panamá, na Martinica e nas Ilhas do Cabo Verde, sem falar no grupo descoberto retrospectivamente na Polinésia Francesa. Cada grupo se formara depois de um surto de Zika ocorrido cerca de nove meses antes.

Várias equipes médicas independentes – no Brasil, nos Estados Unidos e até na Eslovênia – haviam encontrado o vírus Zika no tecido do cérebro ou no líquido amniótico de bebês que tinham nascido com microcefalia, ou tinham sido abortados porque a microcefalia foi detectada na ultrassonografia.

Um caso particularmente sombrio foi descrito no *New England Journal of Medicine* em 30 de março. Envolvia uma finlandesa de 33 anos residente em Washington D.C., que estava bem no início da gravidez e que fizera uma viagem rápida por Belize, Guatemala e México nos feriados do Dia de Ação de Graças de 2015. Ela fez uma ecografia de rotina em 5 de dezembro e seu bebê estava ótimo. Mas ela apresentava sintomas estranhos – um exantema, dores nos olhos e febre. Na virada do ano, ela estava na Finlândia – presumivelmente para passar o Natal com a família – e deve ter lido as notícias sobre o Zika, que começavam então a surgir, e reconheceu os sintomas. Fez um exame de sangue e uma ultrassonografia na Finlândia. A ultrassonografia estava normal. Mas o sangue deu positivo para o vírus Zika. Ela voltou para os Estados Unidos e repetiu os exames em 5 de janeiro. Os resultados foram idênticos. Então, nas três semanas seguintes, seu sangue continuou positivo para o vírus, o que era anormal. E, terrivelmente, o cérebro do bebê começou a se dissolver.

Na ressonância magnética e na ultrassonografia seguintes, com dezenove e vinte semanas, o crânio tinha tamanho normal, mas a superfície do cérebro estava menos densa, os espaços vazios nos lobos frontais eram maiores do que deveriam ser, e a matéria branca que conecta os dois hemisférios era muito menor do que deveria ser. Na 21ª semana, ela decidiu dar fim à gravidez. Na autópsia, descobriu-se que o cérebro do bebê estava infestado de partículas virais. Essa era uma evidência sólida.

Havia também a "plausibilidade biológica", dizia o CDC. Os biólogos na Universidade do Estado da Flórida haviam testado o vírus em diversos tipos de células fetais que se diferenciam e formam as várias partes do corpo de um bebê. Mal havia infectado algumas, como as células precursoras do rim, mas havia se intrometido entre as células progenitoras neurais – aquelas que no último estágio de diferenciação formam o cérebro – e destruído essas células.

(Nos resultados que foram então publicados, o vírus, quando injetado em camundongos imunodeficientes, não matava os adultos, mas matava os fetos, e era encontrado em seus cérebros.)

A evidência mais convincente e mais assustadora veio de um estudo caso-controle em miniatura, publicado pelo *New England Journal of Medicine* em 4 de março. Foi realizado por médicos da Fundação Oswaldo Cruz no Rio de Janeiro, que trabalhavam com uma equipe da Escola de Medicina David Geffen na UCLA (Universidade da Califórnia em Los Angeles). Eles descreveram um grupo de 88 grávidas que haviam recrutado em setembro de 2015, quando as notificações de microcefalia começaram a sair do Nordeste. (Embora o epicentro inicial da epidemia estivesse nessa região, houve um surto menor simultâneo em alguns locais do Rio.) Os pesquisadores já estavam na metade de um estudo sobre dengue e tinham observado alguns meses antes que atendiam muitos pacientes com febre e exantema que davam negativo no teste para dengue. Assim, eles passaram a testá-los para o Zika, e depois começaram um subestudo que considerava apenas as grávidas.

O estudo não estava terminado quando eles publicaram os resultados. Tinham se apressado para veicular essas informações, porque o que estavam encontrando era tão alarmante que precisava servir de aviso.

Em vez de testar todos os pacientes, os médicos tinham optado por escolher o exantema como fator de recrutamento. Sempre que atendiam uma grávida com exantema, perguntavam se ela concordaria em participar do estudo. Oitenta e oito tinham dito sim. Dessas 88, 72 tinham dado positivo no teste para o Zika. As outras dezesseis se tornaram os "controles". Entre as 72, duas tiveram abortos espontâneos quase imediatamente. Isso não significava necessariamente nada – abortos espontâneos no início da gravidez são comuns. Das setenta restantes, 42 concordaram em fazer ultrassonografia de semana em semana. As outras 28 se recusaram. Algumas diziam que a clínica de ultrassonografia ficava longe demais de casa. Mas outras "não queriam fazer por medo de anomalias". Isto é, preferiam não saber se os bebês eram malformados. Descobririam na hora do nascimento.

Quando os autores publicaram os resultados preliminares, doze das 42 mães que faziam exames de ultrassonografia mostravam evidências de "graves sequelas". Dois bebês apresentavam imagens normais, mas depois morreram subitamente no útero. Essas duas gestantes haviam sido infectadas mais tarde na gravidez, e não no primeiro trimestre. Os exames das restantes revelavam graves defeitos nos bebês: alguns tinham microcefalia, outros tinham manchas brancas – calcificações no cérebro –, sugerindo inflamação ou morte celular, alguns eram pequenos demais para a idade de gestação, outros quase não tinham fluxo de sangue no cordão umbilical. Quando o estudo foi publicado, 8 das mulheres haviam dado à luz, e os ultrassons haviam se revelado precisos.

Doze bebês malformados entre 42 representavam uma taxa de 29 por cento de "graves sequelas". As dezesseis mulheres sem Zika que participaram como controle não tiveram problema. Uma diferença de 29 por cento versus 0 por cento é mais que "estatisticamente significativa". É assombrosa. Entre outras coisas, esses resultados forçaram os especialistas a parar de dizer que o perigo estava no primeiro trimestre. Claramente, o Zika podia matar os bebês em qualquer período da gravidez.

"Ficamos simplesmente perplexos com isso", disse a dra. Karin Nielsen-Saines, uma das autoras do estudo. "Não esperávamos encontrar problemas em todos os trimestres."

(Um estudo feito pelo CDC, publicado em 25 de maio no *New England Journal of Medicine,* examinou o estado da Bahia no Nordeste brasileiro durante o auge da epidemia e descobriu que o risco de uma mulher infectada pelo Zika ter uma criança microcéfala estava entre um e 13 por cento.)

A pilha de evidências erguida por todos esses diversos estudos, dizia o CDC, preenchia os "critérios de Shepard". Esse era um conjunto de condições, publicado em 1994 por um professor de pediatria da Universidade de Washington, o dr. Thomas Shepard, para definir se uma determinada agressão ao feto causava um determinado defeito de nascença. (Eram diferentes dos postulados de Koch, um conjunto mais conhecido de critérios publicado pelo pioneiro microbiologista alemão Robert Koch em 1890. Mas os postulados de Koch têm por objetivo concluir se um determinado germe causa uma determinada doença. Os critérios de Shepard dizem respeito a defeitos de nascença e incorporam causas que não são doenças, como venenos ou radiação.)

O dr. Bruce Aylward, da OMS, estava muito satisfeito com o *timing* do CDC, ainda que a agência pulasse etapas na espera por resultados do grande estudo. Era um indicativo não só de boa ciência como também de uma "saúde pública realmente responsável", disse ele.

Era uma boa política de saúde pública porque muitas pessoas nas Américas ainda duvidavam de que o Zika fosse a causa de microcefalia e não estavam tomando as devidas precauções. Como resultado, os bebês morriam. "Se você deseja prevenir a doença, tem que mudar o comportamento hoje", disse ele. "E não quando já é tarde demais."

A essa altura, o alvoroço em torno dos rumores que negavam a doença havia diminuído, ao menos pelo que me era dado saber. Eu já não recebia e-mails a respeito de boatos. Eles tinham enfraquecido nas redes sociais, e a imprensa tradicional já não os repetia. Escrevi ao dr. Powell para perguntar se ele havia mudado de opinião. Ele respondeu que "estava se convencendo de que talvez houvesse uma conexão causal entre a infecção do Zika e a microcefalia". Mas não deixou de acrescentar que estava "menos seguro de que os mosquitos fossem os únicos culpados". Ele estava com a razão, pois o sexo desempenhava evidentemente um papel na via de contágio.

Algumas perguntas permaneciam sem resposta. O silêncio se devia a uma ampla aceitação dos danos causados pelo Zika? Ou a uma ampla indiferença? E mesmo que as mulheres aceitassem a advertência das autoridades de saúde, iriam fazer alguma coisa a respeito? E o que exatamente elas *poderiam* fazer?

11

Adiar a gravidez

Semana após semana, enquanto a epidemia pressionava para sair do epicentro brasileiro e um número cada vez maior de mulheres caía dentro de sua órbita, uma coisa se tornava cada vez mais clara: nada detinha o vírus. Nenhum país – nem sequer uma cidade ou ilha – poderia afirmar que os bebês estavam seguros.

Nenhum grande programa de controle de mosquitos, nenhuma advertência constante às mulheres de que deviam usar repelente e mangas compridas, parecia estar dando resultado. Nenhum dos apelos para utilizar mosquitos geneticamente modificados ou trazer de volta o DDT faziam diferença. De qualquer maneira, grande parte de todas essas tentativas era apenas autoengano.

A Oxitec, que criou os mosquitos geneticamente modificados, ainda estava no estágio de experimentos de campo. A companhia precisaria de milhares de incubadoras de insetos espalhadas por todas as Américas para criar um número de mosquitos machos capaz de reduzir a epidemia.

Os caminhões pulverizadores que apareciam em tantos programas de televisão da América do Sul eram em grande parte táticas de publicidade. Os governos gostavam deles porque as pessoas se sentiam mais seguras. Mas contra os mosquitos *Aedes aegypti,* uma grande dependência da pulverização das ruas era quase contraproducente: eles se reproduziam perto das residências e entravam furtivamente no interior das casas assim que podiam, seguindo a trilha de vapor de dióxido de carbono da respiração humana. Quando passavam os caminhões, as pessoas fechavam as janelas, protegendo com isso os mosquitos. As imagens de TV que mostravam soldados eliminando água estagnada eram também boa publicidade, mas assim que chovia, os bairros voltavam à estaca zero.

Poucos dos que faziam apelos para que o DDT fosse ressuscitado pareciam se dar conta de que seria uma perda de tempo. Os governos latino-americanos o tinham usado tão intensamente entre 1947 e 1962 que *quase* eliminaram o *Aedes aegypti* no continente. Ao fazê-lo, *quase* erradicaram a febre amarela. A mutação genética que confere resistência ao DDT tinha surgido na Venezuela e fixou-se na espécie antes que se espalhasse para outras áreas. Após mais de cinquenta anos, o *Aedes aegypti* nas Américas ainda tinha o gene da resistência. O DDT era inútil contra o mosquito.

Continuei a pedir que os especialistas nomeassem um lugar que eu pudesse visitar onde a erradicação dos mosquitos estivesse baixando de fato as taxas de infecção. Em geral, eu escutava longas pausas, seguidas por um "Não consigo pensar em nenhum". Não era surpreendente. O dr. Frieden tinha dito várias vezes que havia campanhas contra a dengue ou a chikungunya em que, por meio de esforços hercúleos, as populações de mosquitos tinham sido reduzidas em 80 por cento – sem efeito sobre a transmissão de doenças. Dez a 20 por cento de uma população de mosquitos bastava para manter o vírus em circulação. Testes usando armadilhas dentro das casas mostravam que bastavam três mosquitos em cada casa, disse ele.

Então, como as mulheres evitariam ter bebês microcéfalos? Para alguns especialistas em Zika, a resposta parecia gritantemente óbvia. As mulheres não deveriam simplesmente engravidar. Não engravidar quando o vírus atingia o auge na área onde moravam. Mais tarde – sim, tudo bem, ótimo, ter filhos. Mas diante dessa epidemia singular, a gravidez era particularmente perigosa.

Ainda assim, essa compreensão foi controversa por meses. Neste momento, ainda é.

Em primeiro lugar, aconselhar as mulheres a parar de ter filhos não tinha precedente. Nunca na história os governos haviam feito algo parecido. (A política do filho único na China era diferente: uma política parcialmente permanente e implementada por motivos econômicos.)

O conselho era controverso por causa das reações virulentas que provocou. Não apenas da direita política e da Igreja Católica, mas também da esquerda – dos muitos grupos em defesa das mulheres.

A polêmica havia começado assim que a epidemia se tornou conhecida. Os governos de seis países na área de circulação do vírus fizeram separadamente essa sugestão.

Em dezembro, o dr. Claudio Maierovitch, encarregado da resposta à epidemia no Brasil, pediu que as mulheres no Nordeste adiassem a gravidez, se pudessem. Colômbia e Equador seguiram esse exemplo em janeiro, depois Jamaica, El Salvador e República Dominicana.

A extensão dos "adiamentos sugeridos" continuava a aumentar. Alejandro Gaviria, o ministro da Saúde da Colômbia, pediu que as mulheres esperassem seis a oito meses. Seu equivalente jamaicano subiu a aposta: um ano. Depois El Salvador propôs dois anos – nada de bebês até 2018.

Os arcebispos católicos em cada país levantaram objeções. Não havia nada de errado em "praticar a autodisciplina", como um deles disse, para prevenir o nascimento de uma criança malformada. Mas se os ministros da Saúde estavam sugerindo que as mulheres deviam usar contraceptivos, a oposição da igreja a essa prática era bastante conhecida. Usar meios artificiais era frustrar a vontade de Deus. E o aborto, diziam os bispos sombriamente, estava fora de questão. Era melhor dedicar a vida à criação de uma criança deficiente do que arder no fogo do inferno por matar um inocente.

Mas isso era previsível. A oposição da igreja não gerou manchetes. Os religiosos repetiam o que haviam dito por cinquenta anos.

A reação mais surpreendente, e muito mais ruidosa, veio de grupos dos direitos reprodutivos das mulheres. Eles estavam zangados porque o conselho vinha de homens – nem todos os ministros da Saúde eram homens, mas os primeiros a falar foram homens de governos que tinham sido aliados históricos da igreja.

As denúncias eram furiosas.

Começaram com uma reportagem da Reuters em 22 de janeiro, que foi reproduzida ao redor do mundo por todos os meios de comunicação, desde a BBC até a Fox News. Era um produto da Fundação Thomson Reuters, um braço beneficente da Thomson Reuters que se apresentava como um veículo que cobria "notícias humanitárias, direitos das mulheres, tráfico ilegal, corrupção e mudanças climáticas".

O artigo foi o primeiro a observar o fato de que múltiplos governos haviam oferecido o mesmo conselho. Mencionava Colômbia, Equador, El Salvador e Jamaica. Jornalisticamente, era uma estimulante virada no jogo. Até então, os artigos sobre o Zika estavam atolados em todos os rumores sobre as "causas reais" da microcefalia.

Depois de estabelecer a tendência – os governos pedindo que as mulheres esperassem – a autora demandava reações. Mas ela citava apenas representantes de grupos de mulheres. Nem um único médico aparecia no artigo.

Um destaque especial era dado a Monica Roa, chefe de estratégias para o grupo de direitos das mulheres Women's Link Worldwide em Madri, que disse: "É incrivelmente ingênuo que um governo peça às mulheres que adiem a gravidez num contexto como o da Colômbia, onde mais de 50 por cento das gestações não são planejadas e numa região onde predomina a violência sexual".

De fato, a contracepção era livre nas clínicas públicas da Colômbia, e o aborto era legal em alguns casos. Roa reconhecia esse fato, mas dizia que as mulheres tinham pouco acesso a essas práticas.

Argumentava que era "ofensivo às mulheres" que o governo muito mais restritivo de El Salvador estivesse dando o mesmo conselho, e "mais ridículo ainda no contexto de leis rigorosas sobre aborto e altos níveis de violência sexual contra o sexo feminino".

Sara Garcia, membro da Coalizão dos Cidadãos para a Descriminalização do Aborto em El Salvador, acreditava que o conselho para adiar a gravidez tinha de incluir uma discussão pública sobre a gravidez indesejada. "Há gestações que não são planejadas, são impostas às mulheres e garotas, são o produto de abuso sexual."

As ativistas americanas entraram na discussão. "Mais uma vez, os governos colocam nos ombros das mulheres a carga de se proteger de qualquer risco", disse Paula Ávila-Guillen, do Centro de Direitos Reprodutivos na cidade de Nova York.

Esse ponto de vista começou a crescer como bola de neve.

O *Morning Edition* da NPR entrevistou Roa, que qualificou o conselho de "ineficaz, ingênuo e pouco realista", porque muitas gestações eram causadas por estupro e abuso sexual.

Quase imediatamente a essa entrevista, a revista *Time* publicou uma matéria intitulada "Por que as mulheres latino-americanas não podem seguir o conselho de evitar a gravidez em tempos de Zika". O artigo citava Tara Damant, uma ativista da Anistia Internacional, para quem os governos estavam "colocando as mulheres numa posição impossível ao pedir que arcassem sozinhas com a responsabilidade pela saúde pública evitando engravidar, quando mais da metade não têm essa escolha".

Citava também Ávila-Guillen, que chamou o conselho de "ingênuo" e "irresponsável", observando que os governos "não estavam fazendo nenhuma recomendação para que os homens usassem preservativo, o que é muito injusto".

Nos Estados Unidos, a afronta se tornou a sensatez convencional.

Emma Saloranta, uma das fundadoras da Girls' Globe [uma rede global de blogueiros e organizações em defesa dos direitos das mulheres], que partilhava as experiências de maternidade ao redor do mundo, escreveu um texto chamado "O vírus Zika e a hipocrisia de mandar as mulheres adiarem a gravidez".

O *Huffington Post* o reproduziu. Os comentários foram quase uniformemente favoráveis. Dizia que negar às mulheres acesso e conhecimento "parece um sonho erótico republicano". Ele também agradou a setores da direita, que não gostam que os governos digam ao povo o que fazer em suas vidas pessoais.

Quando tomei conhecimento do artigo, comecei a ficar nervoso. As mulheres *precisavam* evitar a gravidez de alguma maneira. Porque era claro que nada mais salvaria seus bebês.

Primeiro, parecia inevitável, mesmo em janeiro de 2016, que todas as tentativas conhecidas de acabar com os mosquitos estivessem fadadas ao fracasso. Nenhum país do hemisfério, exceto os Estados Unidos, tinha detido a dengue ou a chikungunya, e os Estados Unidos foram bem-sucedidos em parte porque é um país rico, e em parte porque até a Flórida tinha ondas de frio.

Segundo, nessas circunstâncias, colocar todo o ônus de evitar picadas de mosquitos nos ombros das mulheres parecia absurdo. Ninguém consegue evitá-los 24 horas por dia durante nove meses.

Terceiro, os especialistas em vacina tinham deixado claro que não havia absolutamente nenhuma esperança de vacina em menos de dois anos, no mínimo.

Quarto, os surtos pareciam ser de curta duração. O de Yap atingiu o pico e terminou em cinco meses, o da Polinésia Francesa em sete meses. Nenhum desses dois países havia notificado um caso desde então, e a OMS classificava esses surtos como "terminados". Havia relatórios dizendo que os surtos da Colômbia e do Nordeste do Brasil começavam a diminuir.

Quinto, se uma mulher não estava grávida, a doença era quase sempre amena. Pegar o Zika e recuperar-se significava uma proteção de longa duração. A própria doença era a vacina perfeita. E, se todo mundo ao redor de uma mulher ficasse similarmente "vacinado", não haveria vírus que os mosquitos pudessem capturar e assim infectar a mulher.

O que os governos deveriam realmente fazer, pensava eu, era pedir que as mulheres esperassem, se possível – e *encorajar* todo mundo a ser picado. Sim, haveria casos de Guillain-Barré, mas melhor isso que casos de microcefalia. (A vítima típica de Guillain-Barré é um homem no final da meia-idade ou mais velho. Mesmo as diretivas de crise da OMS, que são a favor de minimizar a perda do que a organização chama de "anos de vida adaptada a deficiências", priorizam salvar a vida de bebês em detrimento da de idosos como eu.)

Talvez, pensei, meio que brincando, as pessoas deveriam doar sangue para criar um suprimento de plasma saudável para as vítimas de Guillain-Barré, e então se expor às picadas dos mosquitos.

A retórica dos grupos de direitos reprodutivos me indignava. Eu a achava paternalista. Em seus roteiros, todas as mulheres eram vítimas e todos os homens eram monstros. Ao cobrir a Aids na África e em outras regiões, eu tinha entrevistado dúzias de mulheres sobre questões similares, e não foi muito simples. Sim, havia adolescentes que não puderam evitar a gravidez. Sim, havia mulheres de 40 anos que precisavam engravidar. E sim, alguns homens eram monstros, e o estupro e a coerção sexual eram enormes problemas em vários países. Mas esse não era o destino de *todas* as mulheres. Havia muitas casadas com um ou dois filhos que conheciam um médico versado em controle de natalidade. Elas tinham algum poder sobre seus próprios corpos, e eram capazes de dizer não, negociar o uso de preservativo, ou oferecer a seus parceiros outro tipo de sexo. Presumivelmente, seus maridos ou parceiros tampouco desejavam bebês microcéfalos, e cooperariam.

O que tinha dado claramente errado era que os ministros da Saúde haviam metido os pés pelas mãos ao explicar *por que* estavam pedindo que as mulheres adiassem a gravidez.

Eles tinham de compreender que não estavam detendo a epidemia. O Brasil e a Colômbia já estavam estimando milhões de vítimas. Sabiam que o controle do mosquito não funcionava. Talvez não quisessem admiti-lo. Talvez não quisessem insultar os que estavam encarregados desse controle – que era às vezes o Exército.

Os ministros da Saúde também tinham de compreender a imunidade em massa. A maioria deles era formada por médicos; haviam estudado o conceito na escola de medicina. Mas talvez não tivessem explicado a ideia de modo que os repórteres locais pudessem compreender. Eu tinha lido as matérias dos países implicados, e muitas delas eram ingênuas. Citavam os ministros dando o conselho, e depois, às vezes, os arcebispos condenando-o. Mas não tinham perguntado: "Por quê?".

O debate tinha sido desvirtuado, negava-se a milhões de mulheres carentes um conselho salva-vidas, porque ele se tornara politicamente incorreto. Eu não compreendia por que os grupos de mulheres não tinham se alinhado com a outra visão. Se tivessem adotado o conselho, reconhecendo que o controle de natalidade e o aborto salvariam as mulheres do infortúnio, elas poderiam ter se valido disso para tentar conseguir que os governos conservadores ignorassem cinquenta anos de pressão da igreja.

Eu tinha de verificar se estava sozinho nesse modo de pensar. Comecei a escrever e-mails a virologistas e especialistas em saúde pública, expondo meus argumentos acima da linha final: "Eu estou louco? Ou isso faz sentido?".

Quase sempre, voltavam as respostas. Não, você não está louco. Adiar a gravidez é um bom conselho.

O dr. Marc Lecuit, um especialista em Zika do Instituto Pasteur em Paris que havia estudado o surto da Polinésia, concordou. Assim como o dr. Weaver do Departamento Médico da Universidade do Texas. E também o dr. Albert I. Ko, especialista em doença infecciosa na Escola de Saúde Pública de Yale que estava ajudando a organizar um estudo da microcefalia no Brasil. E ainda o dr. Ernesto T.A. Marques Jr., um brasileiro especialista em vacina que vivia voando entre Recife, sua cidade natal, e a Escola de Saúde Pública da Universidade de Pittsburgh, onde lecionava.

O dr. William Schaffner, da Universidade Vanderbilt, é quem foi mais longe. O Brasil tinha acabado de anunciar que o Exército se juntaria à luta contra o vírus. Por um dia, os soldados iriam de casa em casa procurando água estagnada e distribuindo panfletos.

"Eles estão se mobilizando", disse ele. "Deveriam, talvez, distribuir também preservativos."

Todo mundo tinha um aviso a dar, é claro.

"Nenhum governo vai dizer 'saiam para ser picados'", disse o dr. Schaffner, "por causa do risco da síndrome de Guillain-Barré."

Pedir às pessoas que evitassem ter filhos indefinidamente seria um fracasso, alertou o dr. Marques, porque a hipótese poderia pôr fim a casamentos.

O médico tinha outra ideia. Quando falamos, no início de 2016, todo mundo acreditava que o primeiro trimestre era o único período perigoso, por isso ele propunha pedir às mulheres que planejassem a época da gravidez de modo que o primeiro trimestre não coincidisse com a alta temporada de mosquitos.

Quanto mais eu investigava, mais os dados confirmavam que os grupos de direitos reprodutivos haviam exagerado sobre o desamparo das mulheres. O Instituto Guttmacher classificava os países segundo a capacidade de acesso das mulheres casadas ao moderno controle de natalidade.

Alguns países atingidos pelo Zika tinham uma classificação muito baixa: na Guatemala, na Bolívia e no Haiti, menos de 35 por cento podiam obtê-lo. Mas outros apresentaram boas classificações: na Colômbia, era 73 por cento; no Brasil e na República Dominicana, 70 por cento; em El Salvador e no Paraguai, 61 por cento; no Equador, 58 por cento.

Reconhecidamente, esses números eram para mulheres casadas. Acrescentando-se as adolescentes, as taxas cairiam. Mas isso é verdade em todos os países, inclusive nos Estados Unidos. As adolescentes começam a ter relações sexuais antes de consultar um médico, e têm sorte de encontrar um preservativo à mão na sala de enfermagem da escola.

As mulheres latino-americanas e caribenhas tinham algum poder de escolha. As taxas de fertilidade – nascimentos ao longo do período reprodutivo por mulher – tinham caído em toda a região por duas décadas, assim como havia acontecido com duas gerações anteriores em países europeus densamente católicos como Itália, Espanha, Portugal e Irlanda. A igreja ainda era eficaz no combate ao aborto. Mas há muito tempo perdera seu domínio sobre o controle da natalidade.

Eu também fiquei sabendo que havia um precedente histórico para usar a epidemia como forma de conquistar os direitos reprodutivos. Muito antes de Roe versus Wade [caso judicial ocorrido em 1970 que deu à mulher o direito ao aborto], a epidemia de rubéola de 1964 tinha desempenhado um papel importante no debate americano sobre o aborto. Essa epidemia lesou 20 mil bebês. Em 1968, quatro estados haviam aprovado leis permitindo a interrupção da gravidez se houvesse a suspeita de um grave defeito de nascença.

Em 5 de fevereiro de 2016, escrevi um artigo intitulado “Crescente apoio dos especialistas ao conselho de adiar a gravidez em tempos de Zika”.

Saiu na primeira página de nossa seção de ciências e teve um bom número de leitores. Mas não conseguiu ser influente. Ninguém discordou abertamente do que eu dizia. Nem houve discussões. Apenas morreu ali.

O CDC e a OMS continuaram a emitir o mesmo conselho: evitar picadas de mosquitos. Usar repelentes, mangas compridas. Era como se dissessem: aguentem firme enquanto preparamos uma vacina.

Extraoficialmente, integrantes do CDC e de seu órgão supervisor, o Departamento de Saúde e Serviços Humanos, me disseram que a questão estava dividindo as duas agências. Tornara-se, diziam, um debate entre dois campos: os especialistas em doenças infecciosas, para quem pedir às mulheres o adiamento da gravidez era o único modo de salvar os bebês, versus os especialistas em saúde reprodutiva, segundo os quais o governo não devia dizer às mulheres o que fazer com seus corpos. Mas ninguém no campo da doença infecciosa era citado discordando da política do CDC.

O dr. Frieden admitiu mais tarde esse debate, dizendo que meu artigo e algumas perguntas que eu lhe enviara haviam sido passados ao largo e "desencadeado uma longa conversa".

No final de fevereiro de 2016, fui a Porto Rico por ser uma região dos Estados Unidos que estava bem nas linhas de frente, onde os esforços do CDC eram a ponta de lança no combate ao Zika.

O vírus estava apenas começando a tomar conta da ilha; havia somente cerca de cem casos confirmados. Não estava nem perto do ponto em que todo mundo conhece alguém que já teve a doença. Ainda assim, esperava-se que acabasse infestando a ilha. O *Aedes aegypti* estava por toda parte. Os levantamentos dos exames sorológicos mostravam que 90 por cento de todos os porto-riquenhos haviam tido dengue, e 25 por cento, chikungunya, ainda que essa última tivesse grassado na ilha por apenas oito meses.

Isso não me surpreendeu. Assisti a aulas sobre o Zika dadas em clínicas WIC – locais onde se encontram Mulheres [Women], Bebês [Infants] e Crianças [Children] para distribuir o que costumava ser chamado de cupons de alimentos, ensinar a amamentar e oferecer outros serviços. Como 92 por cento de todas as mulheres grávidas de Porto Rico os visitam, o governo os considerou o lugar perfeito para distribuir informações, repelentes de insetos, mosquiteiros e preservativos, e o CDC havia criado uma apresentação em PowerPoint de vinte minutos para esses centros.

"Minhas senhoras, a fragrância deste ano é DEET [substância repelente]", disse a instrutora numa das aulas que visitei, enquanto erguia uma lata verde de repelente – uma imitação espalhafatosa de uma marca de repelente. "Nós todas deveríamos cheirar a esse produto."

Mas Porto Rico tinha divulgado mensagens assustadoras sobre doenças transmitidas por mosquitos durante anos, e o esgotamento havia se estabelecido. Quando falei com as mulheres que assistiram à aula mais tarde, observei reações muito diferentes.

A primeira tinha 21 anos e havia recém-engravidado. Ela estava assustada por causa do bebê, e por isso usava vestidos que iam até o tornozelo. Quando apontei suas sandálias abertas, ela disse que usava repelente por baixo delas.

"Tomo banhos de repelente", brincou. "Ponho repelente de manhã e à tarde, e mais uma vez quando vou dormir. Minha mãe está louca por causa do spray de repelente."

A segunda tinha 30 anos, estava no terceiro trimestre de gravidez, e vestia um top rosa minúsculo e um short bem curto.

"Você não está exatamente à prova de mosquitos", disse eu.

"Sei", disse ela sorrindo e pondo uma das mãos sobre o decote. "Eu devia me cobrir mais. É que está quente."

Ela acendia velas de citronela em casa, disse. O pai viera limpar as calhas, e ela tinha um vizinho com uma "máquina de pulgas" que havia fumegado a casa dela como se prestasse um favor. Ela estava se esforçando contra o mosquito, mas isso não ia protegê-la.

Uma terceira estudante disse que nunca tinha se preocupado em usar repelentes, porque seu filho de dois anos dizia que ardia. Por que ela própria não usava, minha tradutora lhe perguntou. Ela deu de ombros. "Nem pensei nisso." Ela morava no 16º andar de um complexo residencial ali perto, e os "mosquitos não voam assim tão alto", disse ela.

Do lado de fora, perguntei à instrutora se ela não achava que deveria dar o exemplo. Ela estava com um jaleco branco curto de médico e sandálias vermelhas de salto alto.

"As mulheres de Porto Rico não vão deixar de se vestir bem", interpôs minha tradutora – uma bela porto-riquenha.

Ela estava usando repelente? "Hoje não", disse. "O cheiro é forte. Em geral uso calça comprida."

Depois, a instrutora baixou a voz um pouquinho, envergonhada. "Eu deveria usar", disse ela. "Estou grávida. Acabamos de descobrir."

Aquele momento – conhecer uma mulher bem-educada e conscienciosa na área de circulação do vírus, que estava tão familiarizada com a ameaça que dava aulas sobre o assunto, e que estava em seu primeiro trimestre de gravidez e ainda assim demasiadamente ocupada para seguir um conselho que salvaria vidas – me convenceu de que todos os esforços para proteger grávidas eram apenas inúteis. Se até *ela* não podia ser perfeita durante nove meses, ninguém poderia.

"O que você vai fazer se pegar Zika?", perguntei.

"Eu *não vou* pegar Zika", disse ela com firmeza.

"Ok, mas e se pegar?"

"Se isso acontecer... vou ter de enfrentar a realidade do meu bebê."

"O que você quer dizer com isso?"

"Uma grande porcentagem de mulheres que pegam Zika não tem [bebês com] microcefalia."

"Pelo que sabemos do Brasil e da Polinésia Francesa, você está absolutamente correta. Mas e se acontecesse?"

Ela disse, muito calmamente: "Eu enfrentaria a condição de meu bebê".

Eu sabia que o aborto era legal em Porto Rico. Era também acessível nos principais hospitais; as mulheres não tinham de ir a uma clínica com manifestantes aos berros no lado de fora como acontece nos Estados Unidos.

"Você não deveria...? Considerar...?"

Ela sacudiu a cabeça.

Isso aconteceu várias vezes em Porto Rico: as mulheres não só evitavam discutir o aborto como muitas vezes nem pronunciavam a palavra.

Eu também entrevistei um bom número dos principais obstetras-ginecologistas do país. Alguns diziam que estavam aconselhando as pacientes em privado a não engravidar. O risco era grande demais.

O dr. Jose Alvarez Romagosa, especialista em fertilidade, astro de um programa na TV chamado *Latin Doctors*, me contou que naquele dia havia dissuadido três pacientes de engravidar. Seu colega, o dr. Hiram Malaret, disse que havia parado de induzir ovulação, porque estava preocupado com os bebês – e com processos por negligência médica.

O dr. Manuel Navas, diretor de um hospital em Fajardo que acolheu algumas das primeiras infecções do Zika, disse que estava desencorajando todas as pacientes a engravidar. Esse era o conselho que daria à sua filha, disse.

Quando perguntei que recomendação o governo de Porto Rico estava dando, recebi respostas contraditórias. Alguns diziam que ele havia silenciado sobre a questão. Eu tinha notado que não houve discussão a esse respeito durante as aulas do WIC a que havia assistido.

Alguns diziam que a secretária de Saúde da ilha, a dra. Ana Ríus, dera uma entrevista no rádio dizendo que as mulheres deviam esperar para engravidar. Mas ela tinha enfrentado uma resistência feroz. O arcebispo de San Juan a atacou, e o apresentador de um programa de rádio muito popular a acusou de ser alarmista. Ela se retraiu e abandonou o assunto, diziam.

Eu a conheci pouco antes de partir. Ela falava com uma voz suave e parecia tímida. Mas era inflexível: mantinha sua posição de que as mulheres deviam adiar a gravidez até que se conhecesse melhor a doença. Ela tinha pedido às clínicas WIC que distribuíssem preservativos por essa razão, acrescentou.

Eu lhe disse que tinha estado nas aulas da clínica, e que elas não estavam transmitindo sua mensagem. Elas tinham dito que os preservativos serviam para impedir a transmissão sexual. "Não sabia disso", disse. "Obrigada. Vou falar com a senhora encarregada da tarefa."

Ela tivera dificuldade com o arcebispo e um apresentador de programa de rádio? "Sim, fui criticada. Mas não mudei minha mensagem. Sou muito católica, mas para mim a saúde pública está acima das normas que a igreja estabelece."

"Além disso", disse sorrindo, "tenho o respaldo do papa." (O Papa Francisco havia sugerido que os preservativos seriam aceitáveis segundo a doutrina do "menor dos dois males", dizendo que o papa Paulo VI permitira que as freiras no Congo Belga adotassem o controle da natalidade, porque muitas foram estupradas durante a luta pela libertação.)

"Por que as opiniões dela não tinham sido mais divulgadas", perguntei. "Por que não houve nenhuma grande campanha no rádio e na TV, cartazes, propaganda nos jornais?"

"Não havia dinheiro", disse ela. Porto Rico estava falido. A única coisa que ela podia fazer era manter uma entrevista coletiva semanal para atualizar o número de casos e responder a perguntas.

Em 8 de março de 2016, a OMS emitiu um conselho que ecoava o da CDC. Sugeria que as grávidas evitassem viajar para áreas onde o Zika estava se espalhando.

Mais tarde, durante a entrevista coletiva via audioconferência, perguntei não muito polidamente: "Se vocês estão aconselhando as grávidas a não *visitar* países com Zika porque é perigoso demais, por que não aconselham as mulheres que *vivem* nesses países a não engravidar? Parece incoerente".

O dr. Heymann, presidente do conselho consultivo, respondeu: "Não damos recomendações nacionais". A dra. Chan, diretora-geral, acrescentou: "Respeitamos a lei do país".

Eu conhecia David Heymann havia anos, porque ele estava encarregado da erradicação da pólio na OMS quando comecei a cobrir essa questão. Ele tinha uma longa e nobre história como combatente contra doenças, ajudando a erradicar a varíola e chefiando algumas das primeiras equipes da OMS que atacaram os surtos de ebola. Ele estivera bem perto do cargo máximo da agência, mas saíra para lecionar e presidir a Agência de Proteção à Saúde da Inglaterra.

Eu lhe enviei um e-mail pedindo uma resposta mais clara. Tanto a gravidez como a não gravidez eram legais em toda parte, por isso "respeitar a lei do país" não fazia sentido. E o comitê consultivo havia defendido tornar o controle de natalidade amplamente disponível, o que desconsiderava algumas leis dos países.

Acabamos tendo uma conversa por e-mail que se estendeu por vários dias. Ele disse que as mulheres tinham de tomar a decisão final. Eu disse que era evidente que a decisão final cabia às mulheres, mas elas precisavam de conselhos médicos objetivos. Ele disse que havia hesitado, assim como a dra. Chan, porque o controle de natalidade deve ser voluntário e pode ser mal-empregado. A China o impôs à força, e a Índia recompensava os homens carentes com rádios se fizessem vasectomia.

Ele tinha razão quanto às controvérsias sobre a ajuda de Genebra ou Washington relacionada ao controle de natalidade na África, na América Latina e em regiões da Ásia, quer fosse Norplant para impedir a concepção, quer os preservativos para prevenir a Aids. A ajuda é frequentemente vista como os brancos tentando impedir os pardos de se reproduzir. Para evitar essa acusação, a OMS evita o termo "controle da natalidade". Trata de "espaçamento dos nascimentos", e enfatiza os benefícios à saúde para a mulher nessa atitude de "espaçar" gestações.

Eu disse que não estávamos falando em reduzir nascimentos, mas em adiá-los, talvez apenas por pouco tempo, para prevenir um infortúnio pela vida inteira. Apresentei todos os argumentos que já dera antes, enviei-lhe meu artigo de 5 de fevereiro, e contei o que tinha visto em Porto Rico.

Por fim ele disse: "Você me convenceu". Mas ele teria muita dificuldade em persuadir a dra. Chan e outros médicos, acrescentou.

Depois disse: "Você não gostaria de ser coautor de um artigo no *The New England Journal of Medicine*, apresentando esse argumento?".

Levei um choque. Sou um chacal da imprensa sem diploma médico. Aprendi no trabalho entrevistando uma porção de pessoas inteligentes e lendo seus escritos. Nunca havia sido convidado para fazer nada parecido como escrever para o *New England Journal of Medicine*.

Eu respondi que me sentia honrado, mas tinha de checar se era possível com nosso editor responsável. O editor disse não, um repórter do *Times* não podia cobrir um debate e escrever um artigo defendendo um dos lados, não seria ético. Foi frustrante, mas ele tinha razão.

Em 25 de março de 2016, o CDC modificou as diretrizes para as grávidas. E realizou a mudança à luz da crescente evidência de que o vírus persistia no sêmen por semanas.

Para as mulheres que *visitavam* as áreas de transmissão do Zika, o conselho era altamente específico: qualquer uma que desejasse engravidar deveria esperar oito semanas depois do retorno antes de tentar. Se o parceiro apresentasse sintomas, deveriam esperar seis meses. Se ela já estava grávida, o casal deveria evitar sexo desprotegido durante toda a gravidez.

Para as mulheres que *viviam* em áreas infestadas pelo Zika, a orientação era tristemente frouxa. Planejar o tempo oportuno da gravidez era uma "decisão muito complexa, profundamente pessoal", apontavam as diretrizes. As mulheres deveriam consultar seus ginecologistas.

Os médicos em Porto Rico tinham me dito que achavam todas essas diretrizes frustrantes. As pacientes estavam aterrorizadas. O CDC dizia: "Fale com seu médico". Mas dava pouca orientação a eles. Os especialistas sentiam que o CDC estava passando a responsabilidade adiante. Centenas de milhares de porto-riquenhas em idade fértil estavam sendo abandonadas a andar no escuro. Era provável que a Flórida, o Texas e outras áreas logo seriam as próximas.

Uma "cúpula do Zika" do CDC em Atlanta estava sendo organizada. Funcionários de saúde locais e estaduais foram convidados, bem como repórteres. Os agentes para que pudessem partilhar estratégias e escutar o pensamento mais recente do CDC. Os jornalistas porque a agência e a Casa Branca queriam reforçar a mensagem de que o Congresso precisava votar o 1,9 bilhão de dólares que o presidente havia requisitado para combater o Zika.

Como parte da minha reportagem sobre a cúpula, falei com médicos do governo envolvidos no debate. Nenhum discordava publicamente da linha do CDC porque a administração Obama, como apontavam muitos correspondentes da Casa Branca, tem especial aversão a que discordâncias internas sejam ventiladas.

Uma das médicas, que examinava pacientes em regime de meio expediente numa clínica onde quase todo mundo fazia parte do Medicaid* estava muito frustrada. Você não pode apenas dar *dicas* sobre decisões que alteram a vida, disse ela. "As pacientes precisam ver a recomendação preto no branco."

Outro médico estava furioso. "As diretrizes do CDC são bobagem! Besteira", ele gritava. Nas discussões sobre o artigo de 5 de fevereiro, disse ele, "algumas pessoas fazem pouco de você, porque não acham que Porto Rico seja como Yap. Não é como uma ilha no sul do Pacífico. Talvez seja mais como o Brasil – a epidemia vai amainar,

---

* Programa de seguro de saúde do governo dos EUA para a população de baixa renda. (N.E.)

não desaparecer. O mesmo vale para a Flórida, ainda mais até. Mas eles deixam de ver que, mesmo que você esteja errado a esse respeito, o que você diz é válido. Um terço de todas as gestações *são* planejadas. Esses bebês *poderiam* ser salvos".

O médico havia esperado que a Faculdade Americana de Obstetras e Ginecologistas se manifestasse em favor do aconselhamento às pacientes para que adiassem a gravidez, mas suas novas diretrizes sobre o Zika eram "tímidas".

A dra. Laura Riley, diretora do setor de parto e trabalho de parto do Hospital Geral de Massachusetts e principal autora das diretrizes, disse que os membros da faculdade estavam divididos. Em privado, alguns sugeriam adiamento da gravidez às pacientes, e ela havia tentado deixar que as diretrizes incluíssem esse conselho, "mas de maneira que não fosse proibitiva".

"Dizer às mulheres o que fazer no meio de uma epidemia é difícil", disse ela. "Para algumas, de 22 ou 24 anos, se houver possibilidade de esperar, e se você lhes der os instrumentos, faz sentido. Nossas diretrizes falam em tornar a contracepção acessível e conversar com a paciente sobre a situação. Mas se a paciente tiver 41 anos, não é útil."

O CDC, para o qual ela era consultora, "está preso na situação política", disse. "Mesmo que ele diga 'adiem a gravidez', enquanto esse conselho percorrer todo o caminho pelo HHS [Health and Human Services] e pelo governo, aquelas diretrizes é que vão prevalecer."

Se a política estava retendo o CDC, perguntei, a sua faculdade, que contava com médicos particulares e do governo entre seus membros, não poderia pressioná-lo nessa direção? "As sociedades médicas não querem apresentar recomendações diferentes das do CDC."

Mais tarde, o dr. Jeffrey S. Duchin, presidente do comitê de saúde pública da Sociedade de Doenças Infecciosas dos Estados Unidos, empregou mais ou menos a mesma linguagem. A Sociedade não tinha discutido a ideia, disse ele, e mesmo que seu comitê a adotasse e decidisse que adiar a gravidez constituía um conselho sensato, a noção era controversa, e ele duvidava que a Sociedade quisesse "sair à frente do CDC".

Na cúpula de Atlanta, eu me sentei ao lado de Tom Skinner. Perguntei quem era o líder filosófico da saúde reprodutiva, e ele apontou para a mulher de uniforme militar azul do Serviço de Saúde Pública então no palco, a dra. Denise J. Jamieson, uma obstetra-ginecologista e líder de equipe no departamento de fertilidade e saúde das mulheres do CDC.

O dr. Frieden confirmou que era "guiado pela perspectiva de Denise como obstetra-ginecologista" e acrescentou, "uma coisa que aprendi no CDC é que se você discorda de Denise Jamieson, você está provavelmente errado".

Solicitei uma entrevista e recebi permissão para realizá-la. Toda solicitação desse tipo no CDC tem de ser autorizada. A entrevista logo se tornou tensa.

Repassei meu pensamento sobre a natureza incontrolável da epidemia e a possibilidade de que evitar a gravidez, ao menos durante os picos de transmissão, fosse a única maneira de prevenir a microcefalia. "Por que", perguntei, "o CDC não aconselhava as mulheres a esperar um momento mais favorável?".

“Alguns países fizeram essa recomendação durante a pandemia de influenza de 2009”, disse ela. “Foi muito mal recebida.”

“Eu cobri a pandemia de influenza”, disse eu. “Nunca ouvi falar disso. Quais países?”

Ela estava trabalhando na África do Sul nessa época e não conseguia se lembrar no momento, disse.

“Ainda assim”, continuei, “adiar a gravidez preveniria a microcefalia.”

“Sim, preveniria”, afirmou. “Mas também impediria gestações *desejadas,* como as de mulheres mais velhas.”

“Desde quando mulheres mais velhas querem bebês malformados?”, disse eu.

“A maioria das mulheres nas áreas endêmicas em relação ao Zika terá bebês saudáveis. A maioria não será afetada.”

“Sim, mas algumas *serão.* Não compreendo por que você diz que não cabe a um médico do serviço público dizer às mulheres o que fazer com seus corpos.”

“Exato. Não cabe.”

“Por que as mulheres vão a ginecologistas, senão em busca de conselhos sobre o que fazer com seus corpos? Você não diz às mulheres que se casam com homens HIV positivos para usar preservativos? O CDC continua a dizer que a gravidez é uma ‘decisão muito complexa, profundamente pessoal, que só uma mulher pode tomar por si mesma’, certo? Mas assim também é uma mastectomia dupla. É um conselho profundamente pessoal sobre o que fazer com o corpo. Claro, a mulher só pode decidir por si mesma. Mas se ela tiver câncer, e você for à oncologista e não lhe disser ‘você precisa fazer essa cirurgia, senão vai morrer', você não é culpada por erro médico?"

Ela se manteve firme.

"Acho que não será provavelmente muito eficaz o governo se envolver em decisões altamente pessoais sobre quando ter um bebê", disse ela.

"Vamos supor que você estivesse em seu posto de trabalho em 1964 e soubesse que estava começando um imenso surto de rubéola. Não havia vacina. Você conhecia as consequências. Os bebês sofreriam. Qual teria sido seu conselho, então?"

"Eu diria: 'Este é um tempo extraordinariamente arriscado para engravidar'."

" Mas você não quer dar o mesmo conselho agora?"

"É diferente. Não havia vacina à época. Mulheres altamente motivadas podem evitar ser picadas por mosquitos."

"Durante nove meses, 24 horas por dia? Isso é realista?" Descrevi o que havia escutado sobre as grávidas de Porto Rico.

"Isso bate no limite de nossa capacidade de fazer recomendações", disse ela.

"Para as mulheres que *visitam* Porto Rico e as Ilhas Virgens, vocês emitem diretrizes muito específicas quanto ao tempo – esperem oito semanas, esperem seis meses etc. Essas são em sua maioria mulheres brancas, turistas. Mas para as mulheres que *vivem* lá, que são morenas e negras, vocês apenas dizem 'é uma decisão muito pessoal'. Os bebês podem acabar malformados. O que você teria a dizer sobre essa concepção que poderia ser encarada como racista? Que, considerando-se o fato de que essa opinião mata potencialmente bebês, não estaria próxima do genocídio?"

"Vamos dar o mesmo conselho na Flórida se e quando houver transmissão em andamento."

"Falei com obstetras-ginecologistas em Porto Rico. Eles dizem querer uma liderança sobre essa questão, e não existe nenhuma."

"Esta é a liderança. O que estamos dizendo é: 'Trata-se de uma decisão individualizada. Não é a mesma mensagem para todo mundo'."

Por mais agressiva e rude que fosse a pergunta, a dra. Jamieson respondia. Ela não se esquivava. Manteve-se fiel a seus princípios e a seu argumento. Jornalisticamente, eu não tinha do que me queixar.

Em 14 de abril de 2016, escrevi outro artigo, intitulado "Funcionários da saúde se dividem quanto ao conselho sobre gravidez nas áreas do Zika".

A essa altura, os especialistas do exterior estavam ainda mais horrorizados com a relutância do CDC.

"Não há o que discutir", disse Peter Hotez, reitor da escola de medicina tropical Baylor. "Eles deveriam dizer: 'Não engravidem – vejam TV por seis meses e não terão um bebê gravemente doente'."

Houston acabara de ter uma enchente e estava inundada. Hotez publicou um artigo de opinião no *Times,* dizendo o quanto o verão seria provavelmente perigoso. A CBS News o entrevistou, e ele levou a equipe de cinegrafistas por um passeio num bairro pobre, mostrando-lhes pneus velhos cheios de água que eram refúgio de mosquitos.

Ele me disse que durante a entrevista havia falado especificamente que as mulheres em Houston deveriam considerar a decisão de não engravidar. A CBS decidiu não usar a afirmação. Ele tinha dito a mesma coisa quando o *PBS NewsHour* o entrevistou em 8 de abril, e a PBS não omitiu sua opinião.

Neste momento, o CDC e a OMS estão inflexíveis. O dr. Aylward reconheceu que a OMS estava tendo um debate interno – "teoricamente, muitos pensam que talvez funcione" –, mas a agência não ia emitir um conselho oficial. Havia muitos pontos obscuros, dizia ele, inclusive quanto tempo esperar. Num país de 200 milhões de habitantes como o Brasil, a epidemia não desapareceria necessariamente como nas ilhas, e o período de risco abrangia toda a gravidez, não apenas um trimestre.

A OPAS estava se inclinando a dar um sinal de aprovação, como sugeriam individualmente alguns países-membros. O dr. Marcos Espinal, que estava organizando a resposta da agência, disse que para ele "não havia problema em esperar três a seis meses", como a Colômbia havia sugerido. "Mas há problema em esperar dois anos", conforme a sugestão de El Salvador, disse ele. "Nesse caso, muda-se uma geração inteira."

Seria possível argumentar que milhares de crianças com malformação de nascença poderiam mudar uma geração inteira num grau ainda mais elevado.

12

O futuro

E agora?

Ninguém sabe ao certo. A epidemia ainda é emergente. Predizer como os vírus se comportarão é um esforço tolo. Predizer o comportamento das pessoas é ainda pior.

Mas alguns pontos são claros: o Zika está se movimentando. A transmissão é crescente na América Central e no Caribe, e vai continuar a crescer ao menos até o outono. A doença avança para seu primeiro verão nos Estados Unidos, onde ninguém tem imunidade.

Isso não significa que uma explosão seja inevitável. O CDC espera "grupos limitados" em qualquer parte da Flórida ou em regiões do Alabama, da Louisiana, do Mississippi e do Texas, perto do Golfo do México. O Havaí é também considerado vulnerável. Essa tem sido até agora a experiência nacional com a dengue e a chikungunya, que são transmitidas pelos mesmos mosquitos. Têm ocorrido bolsões de casos em Key West e no Condado de Martin, ambos na Flórida, em Brownsville, no Texas, e em várias ilhas havaianas.

Mas os surtos se mantiveram reduzidos, porque a maioria dos americanos, mesmo nos bairros carentes, têm janelas com tela e ar-condicionado. Do ponto de vista dos mosquitos, vivemos em castelos quase inexpugnáveis. As crianças americanas não são picadas pelo corpo todo a cada noite como as crianças em favelas brasileiras, por isso os mosquitos não conseguem ativar um redemoinho viral transferindo o vírus freneticamente de bairro em bairro.

A outra razão de os surtos precedentes não terem se espalhado é que as autoridades logo entraram em ação. Em 2009, bastaram três casos de dengue em Key West para que o Distrito de Controle aos Mosquitos em Flórida Keys pusesse em ação pulverizadores em helicópteros e caminhões, enviasse equipes às ruas da ilha com nebulizadores de pesticida e tanques para esguichar larvicida em poças de água e espalhasse outras equipes que iam de casa em casa pedindo que os residentes checassem bacias para pássaros e calhas, pusessem cloro nas piscinas e colocassem bolinhas de larvicida em tudo que juntasse água da chuva.

Foi um trabalho impressionante. Embora o surto tenha durado dois anos, acabou sendo mantido em noventa casos conhecidos. Ainda mais surpreendente: o primeiro caso aconteceu na distante cidade de Rochester, em Nova York, em uma mulher que voltou ao médico para dizer "Não me sinto bem", mesmo depois de ele ter diagnosticado e tratado seu problema como infecção urinária. Na terceira consulta, o médico conversou com um especialista em doenças infecciosas, que sugeriu um teste de dengue, porque a paciente tinha visitado Key West

– ainda que a dengue não tivesse sido vista na Flórida desde 1934.

Entretanto, o Zika é diferente. Muitas vítimas da dengue e 80 por cento de todas as vítimas de chikungunya procuram logo o médico porque têm febre alta, dores de cabeça e nas articulações. Os surtos têm sido detectados precocemente.

Mas 80 por cento de todos os casos de Zika são silenciosos, e muitos dos sintomas são brandos. As pessoas frequentemente ignoram os primeiros sinais durante dias, e só chamam o médico quando se olham no espelho e veem olhos bem vermelhos e tórax coberto de exantemas.

Como resultado, os surtos podem se espalhar antes que alguém chame as equipes contra mosquitos. Quanto mais isso acontecer, mais as equipes ficarão assoberbadas de trabalho e não conseguirão dar conta do recado.

A disseminação do Zika pode acabar sendo mais parecida com a do Oeste do Nilo. Esse vírus também apresenta casos silenciosos. É diferente do Zika por ser veiculado pelos mosquitos *Culex*, que existem por todo o país. Além disso, ele deve circular simultaneamente em pássaros, cujo sangue mais quente amplifica o vírus o suficiente para que novos mosquitos o peguem e infectem os humanos. Ainda assim, apesar dos voos dos helicópteros pulverizadores e de inúmeros avisos amedrontadores do serviço público quando da chegada do vírus, ele se mostrou incontrolável. Entrou nos Estados Unidos em 1999, pela cidade de Nova York, e se deslocou para o oeste, de forma lenta mas constante, durante seis anos. Somente o inverno o detinha. A cada verão avançava em alguns estados para o oeste, depois tinha de esperar que os pássaros e os mosquitos voltassem. Só veio a infestar o noroeste do Pacífico em 2005.

O Oeste do Nilo é agora endêmico nos Estados Unidos. Circula a cada verão. Cerca de 2 mil casos são diagnosticados a cada ano, e aproximadamente 100 pessoas morrem da infecção; a típica vítima é um homem com mais de 65 anos. De vez em quando, há surtos repentinos, como o de 2002 que matou 69 pessoas em Dallas-Fort Worth, levando o número de mortes daquele ano a um recorde de 286.

Ainda que algo parecido aconteça com o Zika, é provável que nunca ocorra um enorme aumento de casos de microcefalia nos Estados Unidos continentais. Se o Oeste do Nilo causasse lesões cerebrais na proporção de um em mil casos, então dois bebês sofreriam danos a cada ano. (A probabilidade de um em mil é uma estimativa muito incipiente brasileira, onde se estimou que 1,3 milhão de infecções ocorreu em 2015, e o país teve mais de 1.400 casos confirmados de microcefalia. Mas muitos deles ainda estão sendo confirmados, e os números da infecção no Brasil continuam a crescer, por isso a proporção pode mudar.)

Não há garantia de que o Zika vá seguir esse padrão. Há incertezas demais. Até onde o *Aedes aegypti* vai chegar neste verão dependerá do grau de calor e umidade que o clima atingir. Os mosquitos *Aedes albopictus* terão alcance ainda maior, porque toleram temperaturas mais baixas, mas ainda não se sabe se podem espalhar agressivamente o Zika.

Se o vírus atacar com força, este verão será sua melhor oportunidade, porque quase ninguém está imune.

Se ele persistir e se tornar endêmico como o Oeste do Nilo, os surtos de cada verão podem ser limitados pela parcela crescente das pessoas que se tornaram imunes.

Se ele seguir esse roteiro, porém, nunca desaparecerá por completo. Ainda que muitas mulheres optem por evitar a gravidez neste verão, é uma atitude que não pode se prolongar para sempre. Por isso, em algum momento elas acabarão correndo risco. A melhor esperança, para elas, é uma vacina.

O dr. Stanley A. Plotkin, inventor de uma vacina para a rubéola, predisse em janeiro que fazer uma vacina para o Zika seria relativamente fácil. Já existem vacinas contra outros flavivírus, inclusive os da febre amarela e da encefalite japonesa. Assim, deveria ser possível tomar os "espinhos" dessas vacinas, disse ele, e apenas anexar os antígenos do Zika, as proteínas que provocam o sistema imunológico a criar os anticorpos corretos.

Uma maioria de americanos, 55 por cento, entrevistados em maio pelo Centro de Política Pública Annenberg da Universidade da Pensilvânia, disse que estariam dispostos a ser vacinados.

Ao menos dezoito laboratórios de pesquisa públicos e privados estão trabalhando em vacinas, desde o Instituto Butantã, no Brasil, e o Bharat Biotech, na Índia, até uma parceria do Gene-One Life Science, da Coreia do Sul, com o Inovio Pharmaceuticals, da Filadélfia. Alguns estão produzindo versões com vírus "mortos", e outros com vírus "vivos, atenuados". Nos primeiros experimentos, o vírus é desenvolvido em células, morto com o calor ou uma substância química como formalina, e purificado. Nos outros, o vírus humano é enfraquecido por um de muitos métodos. Ele pode ser submetido a passagens por células de macaco ou embriões de pinto ou outras espécies animais não humanas; pode ser forçado a se desenvolver em condições não humanas como temperaturas baixas, ou então um pedaço de seu genoma pode ser removido ou silenciado. Uma vez injetado num humano, ele se reproduz por algum tempo mas lentamente, até que o sistema imunológico o liquide. As vacinas de vírus vivo provocam respostas imunológicas mais fortes, mas são também as mais arriscadas, porque os vírus se desenvolvem de fato e, em casos muito raros, passam por mutação, tornando-se ameaçadores. Não são usados em grávidas ou em pacientes com o sistema imunológico comprometido.

Os Institutos Nacionais de Saúde (NIH na sigla em inglês) têm três vacinas sendo elaboradas, disse o dr. Anthony S. Fauci, que os supervisiona. A primeira é uma vacina com vírus morto, outra é com vírus vivo atenuado, e a terceira – a mais adiantada – é uma nova tecnologia chamada vacina DNA. Nesse tipo, pequenos pedaços dos genes do vírus Zika são ligados para formar um plasmídeo, um pequeno anel de DNA que pode entrar nas células assim como fazem os vírus. Uma vez dentro da célula, ele gera "partículas semelhantes a vírus", com pedaços suficientes do vírus Zika para que o sistema imunológico reaja – como não contêm o vírus inteiro, não causam a doença. A vacina com vírus vivo atenuado é uma "quimera", assim chamada em referência ao animal místico com três cabeças: leão, cabra e serpente. Os cientistas pegaram um vírus já enfraquecido da vacina da dengue, removeram os genes que codificam o invólucro externo viral e inseriram no seu lugar aqueles genes do vírus Zika.

Espera-se que a vacina DNA passe para a fase de testes em humanos em setembro de 2016, e depois, dentro de seis meses, avancem as pesquisas com as duas outras vacinas.

Isso não significa que uma vacina estará pronta em breve. O roteiro mais otimista, segundo a previsão do dr. Fauci, é dois anos, se tudo der certo. A maioria dos especialistas espera três a cinco anos. Os pessimistas dizem vinte anos ou nunca.

Os testes se processam em etapas. A fase I constitui os testes de segurança para garantir que não surja nenhum efeito colateral completamente inesperado. Nesse caso, a vacina será inoculada em cerca de oitenta voluntários adultos saudáveis da área ao redor da sede do NIH em Bethesda, em Maryland. Eles serão observados por três meses.

Em janeiro, se isso der certo, os testes passarão a um país com transmissão do Zika ativo, e por volta de 2 mil voluntários serão talvez recrutados, inicialmente apenas adultos saudáveis. O tempo para se observar uma diferença significativa no número de infecções entre aqueles que receberam a vacina e aqueles que receberam placebos dependerá da intensidade da transmissão, disse o dr. Fauci. Numa epidemia violenta, essa diferença pode aparecer em meses. Numa epidemia enfraquecida, pode levar anos.

Enquanto isso, os testes de segurança começarão em crianças, idosos, e talvez até em grávidas. Esses testes implicam decisões éticas mais difíceis. Normalmente, as grávidas são sempre o *último* grupo em que qualquer fabricante de vacina ou droga concorda em experimentar.

Se causar danos aos bebês – e algumas vacinas, especialmente uma vacina para o HIV, têm realmente *aumentado* as taxas de infecção –, a culpa moral é um poço sem fundo. Sem falar nos processos legais. Mas as grávidas são a razão primeira para a fabricação de uma vacina do Zika. Muito provavelmente, uma vacina de vírus morto será testada nelas, disse o dr. Fauci, mas as de vírus vivos não.

Se a epidemia se extinguir por completo – o que parece extremamente improvável –, as últimas opções são "desafios virais" e "modelos de primatas".

Num "desafio", alguns voluntários saudáveis, vacinados e depois testados para assegurar que possuem anticorpos, serão deliberadamente inoculados com o Zika a fim de verificar se a vacina os protege. Isso pode ser feito provavelmente sem problemas éticos, porque o Zika é uma doença branda. (Digo "provavelmente" porque um conselho de ética terá de considerar o risco de Guillain--Barré.) As vacinas do ebola não são testadas na forma de desafio, porque o ebola mata. Mas as vacinas da malária o são – porque há cura para ela. Se a vacina não funcionar, ainda será possível salvar os voluntários.

Graças aos modernos testes PCR, os cientistas podem usar macacos, enquanto os cientistas em 1947 não podiam fazê-lo. Mesmo que todos os macacos permaneçam saudáveis durante todos os testes, se o vírus atingir altos níveis no sangue dos não vacinados depois do desafio e não se alterar nos vacinados, a vacina funcionará.

Alguns especialistas, como Michael T. Osterholm, que dirige o Centro para Pesquisa e Política de Doenças Infecciosas da Universidade de Minnesota, nutrem dúvidas quanto à possibilidade de realização de uma vacina

– por causa do Guillain-Barré. Algumas vacinas, em casos raros, também desencadeiam a síndrome. Se um efeito colateral for da ordem de um em 4 mil, como sugeriu o surto na Polinésia Francesa, milhares de voluntários devem ser recrutados para assegurar que a vacina provoca a síndrome com menos frequência que a doença propriamente dita. Um ou dois casos aleatórios de Guillain--Barré produzidos por qualquer causa vão embaralhar a estatística dos testes.

Há outras maneiras de combater um vírus, é claro.

A solução mais prática seria um tratamento, ou até a cura. Mas na busca pela cura, é preciso saber exatamente como o vírus causa danos, e a ciência está apenas começando a decifrar essa charada para o Zika, tentando recriar cada etapa do processo infeccioso em camundongos. A placenta é uma série de barreiras semipermeáveis entre o sangue da mãe e o do bebê, e não está claro como o vírus abre brechas nessas barreiras. Um novo estudo encontrou mil vezes mais vírus na placenta do feto de um camundongo do que no sangue da mãe. Tampouco se sabe como o vírus ataca o cérebro em formação, porém mais de um estudo recente sugere que seu alvo são as células da glia radial, e que o vírus pode invadi-las por meio de um receptor de superfície conhecido como AXL. As células da glia radial aparecem muito cedo no processo de formação do cérebro e lembram serpentes que engoliram a presa; são longas e esticadas, muito finas, com uma espécie de "calombo" no meio, onde estão os núcleos. Seus pseudópodes (tentáculos) longos e finos ligam as camadas do cérebro, com os "pés" numa ponta e os cílios filiformes na outra. Acredita-se que sejam o andaime que guia o trajeto de outras células, como os astrócitos e os neurônios, que vão acabar formando o cérebro – por isso, qualquer dano a elas é devastador. Os receptores AXL são comuns nas células da glia radial, e considera-se que também sejam o meio pelo qual o Zika penetra nas células da pele – o que sugere que talvez haja um traço comum a dois sintomas muito diferentes do Zika: a erupção cutânea e os danos ao cérebro do feto. Mas a ciência é muito nova e ainda não há certeza de nada.

Mesmo que o mecanismo seja decifrado, não há garantia de que a cura possa ser encontrada. Há muitos antibióticos que matam bactérias, e muita quimioterapia que combate o câncer. Infelizmente, o número de drogas que matam os vírus é relativamente pequeno.

Um tumor é apenas uma célula humana regular que deixou de funcionar a contento e passou a crescer mais rapidamente do que deveria. Muitas drogas matam células humanas; o truque é encontrar drogas que matam as que crescem rápido demais, enquanto poupam as sadias. As bactérias são praticamente animais: ingerem moléculas, criam proteínas, movimentam-se, até pegam infecções virais. Elas têm muitos processos que podem ser interrompidos.

Os vírus, porém, são apenas invólucros externos com pedaços de RNA ou DNA que sequestram a maquinaria da célula. A hepatite C é uma das poucas infecções virais que as drogas podem realmente curar; para pacientes com a doença, antivirais como o Harvoni são drogas miraculosas. Algumas delas apenas retardam a replicação viral, como o Tamiflu faz com a influenza ou o Atripla com o HIV.

Não há cura comprovada para flavivírus como o Zika. Nas revistas de virologia, muitos artigos descrevem "inibidores" de flavivírus que funcionam em culturas de células. A maioria é produto químico obscuro que apareceu quando bibliotecas inteiras sobre substâncias químicas foram organizadas. Um artigo publicado em 2012 era intrigante: dizia que a ivermectina era altamente potente contra a febre amarela e um tanto eficaz contra a encefalite japonesa. William C. Campbell e Satoshi Omura ganharam metade do Prêmio Nobel de 2015 em fisiologia ou medicina por inventar a ivermectina, e ela é o pilar de campanhas contra doenças causadas por vermes, como a cegueira dos rios na África. Ela é bem conhecida dos americanos que têm animais de estimação; é o ingrediente ativo do remédio Cardomec para cães. (Era a droga que Brian Foy estava investigando no Senegal.)

Outros artigos dizem que várias drogas para a hepatite C funcionam contra o Zika no laboratório, assim como a cloroquina, uma droga contra a malária descoberta em 1934, e a amodiaquina, uma droga antimalárica mais recente. As duas últimas são consideradas seguras para grávidas. Muitas drogas podem ter potencial de cura, mas nenhuma ainda foi aprovada.

Em teoria, outro caminho seriam os anticorpos monoclonais. Durante a epidemia de ebola em 2014, houve muito barulho sobre o ZMapp, um coquetel de três anticorpos clonados que haviam conferido proteção total a macacos em testes. Quando terminou o surto, porém, a droga tinha sido ministrada apenas a sete pessoas, duas das quais morreram. O fabricante disse que os estoques haviam se esgotado.

É caro manufaturar anticorpos em grandes quantidades. O ZMapp foi produzido a partir de uma quimera de genes humanos e de camundongos, depois desenvolvido em plantas do tabaco, extraído e purificado em pequenas quantidades. Os cientistas passaram muitos anos desenvolvendo-o. O trabalho para o Zika teria de começar do zero.

A imunoglobulina – anticorpos derivados da maneira antiga, a partir do sangue humano – tem sido usada para tratar o Guillain-Barré relacionado com o Zika. É empregada de vez em quando em grávidas com Rh negativo e histórico de múltiplos abortos espontâneos, para proteger o feto. Mas ela traz outros riscos, além de ser difícil de obter e administrar, por isso ninguém ainda sugeriu empregar a imunoglobulina em grávidas.

As diretrizes do CDC para os médicos que tratam gestantes com Zika confirmado são penosamente simples. Os médicos devem oferecer um "tratamento de apoio", como lenitivos para dor de cabeça e febre, e prescrever ultrassonografias e ressonâncias magnéticas a cada três a quatro semanas. Isso – e o estímulo de esperar pelo melhor – é só o que têm a oferecer.

Quando a microcefalia começou a ser notícia em janeiro de 2016, os médicos diziam que não poderia ser detectada antes do terceiro trimestre, por volta da 28ª semana de gravidez, o que impunha às mulheres uma tremenda pressão de tempo, enquanto lidavam com a aflitiva decisão de pôr fim à gestação ou não. Esse tempo foi reduzido – há casos em que as anomalias no cérebro do feto já foram constatadas na 19ª semana. Mas não é previsível, e ninguém sabe quanto tempo depois de uma infecção vai aparecer o dano.

Como ninguém neste hemisfério está imune, a OPAS prediz que o vírus vai chegar a todo país exceto o Canadá e o Chile continental. No Pacífico Sul, ainda está se espalhando para novos grupos de ilhas, como Samoa Americana e Fiji, causando surtos intensos. Atingiu também as Ilhas do Cabo Verde, que se acham no Atlântico entre o Brasil e a África e são lusófonas; o vírus é o mesmo encontrado no Brasil. E ainda foi mais longe, até as Maldívias no Oceano Índico.

As preocupações iniciais quanto à possibilidade de que circular pelo globo parecem estar se tornando mais remotas a cada dia. A Europa e a maior parte do norte da Ásia não têm *Aedes aegypti*. A preocupação era que a cepa cambojana-polinésia-americana do Zika fosse tão diferente das primeiras cepas asiática e africana que não serviriam de proteção. Mas se tem vigiado desde janeiro e, embora casos esporádicos de Zika tenham sido encontrados na Tailândia e em outros países do Sudeste Asiático, eles não faziam parte de grandes surtos. Somente amplos levantamentos sorológicos serão capazes de dizer se a imunidade em massa da transmissão endêmica é alta por toda a África e Ásia, mas a falta de surtos intensos – particularmente no Senegal, que é muito ligado às Ilhas do Cabo Verde – sugere que seja elevada.

Nos territórios dos Estados Unidos como Porto Rico e Ilhas Virgens, espera-se que a epidemia aumente em intensidade durante o verão. Guillain-Barré e outras doenças autoimunes como PTI (púrpura trombocitopênica idiopática) já estão em curva ascendente, e em 13 de maio de 2016 o departamento de saúde de Porto Rico anunciou que uma mulher da ilha perdeu um bebê que se revelou microcéfalo. Porto Rico tem 3,5 milhões de habitantes, e o dr. Johnny Rullán, o antigo secretário de Saúde da ilha e agora assessor especial do governador no que diz respeito à epidemia, estimou conservadoramente que cada 10 mil infecções circulantes desencadeariam uma reação autoimune, por isso a ilha poderia ter 350 casos. (A experiência da Polinésia Francesa sugeriria um número maior de casos, algo em torno de 850.)

Por fim, centenas ou milhares de vítimas do Guillain-Barré necessitadas de ventilação mecânica poderiam colocar uma sobrecarga muito maior sobre os hospitais do hemisfério do que os recém-nascidos que requerem terapia intensiva, especialmente se as mulheres decidirem por sua própria conta não engravidar.

É o que alguns médicos nos Estados Unidos, especialmente em áreas propensas aos mosquitos, estão sugerindo em particular às suas pacientes, e outros mais estão dando esse conselho em público. O dr. Edward Goodman, epidemiologista chefe no Texas Health Presbyterian, o hospital de Dallas que se tornou famoso dois anos atrás porque duas de suas enfermeiras pegaram o ebola ao cuidar de um paciente, foi à televisão sugerir que as mulheres em Dallas considerassem adiar a gravidez.

Na cúpula do Zika em Atlanta, a dra. Ana Ríus disse que as mulheres em Porto Rico pareciam estar seguindo seu conselho: a taxa de natalidade estava caindo, e a ilha caminhava para ter apenas 28 mil bebês em 2016, 8 por cento a menos que em 2015.

O conhecimento dos americanos sobre a doença está se tornando mais sofisticado, segundo o Centro Annenberg que tem realizado pesquisas de opinião sobre o Zika desde fevereiro de 2015. No início, 50 por cento de todos os americanos se preocupavam com a possibilidade de o vírus chegar a seu entorno, muitos achavam que todos os mosquitos tinham o vírus, e 42 por cento pensavam que o vírus era geralmente fatal. Em abril, uma maioria respondeu que os recém-nascidos e as mulheres grávidas corriam maior risco.

As consequências terríveis talvez não venham a acontecer. Nos Estados Unidos continentais, o Zika pode ser contido, ou pode se espalhar muito mais lentamente do que se teme. Muitas mulheres talvez se protejam com sucesso por meio do controle da natalidade, saindo das áreas de perigo se possível, ou minimizando as picadas.

Não haverá nos hospitais americanos o dilúvio impressionante de recém-nascidos microcéfalos como aconteceu no Brasil. Muito provavelmente não será tão ruim em nenhum outro lugar no hemisfério. O Brasil foi pego completamente de surpresa, quando milhares de bebês estavam nascendo ou perto de nascer. Agora as elites médicas de muitos países estão de sobreaviso, os médicos estão prescrevendo ultrassonografias mais frequentemente, e muitas mulheres podem optar por interromper a gravidez. Algumas serão capazes de fazê-lo legalmente, outras talvez encontrem outro meio.

A prevenção de uma epidemia seria uma ótima notícia. Seria uma vitória para a saúde pública – e para a comunicação dos riscos e a liberdade de imprensa, já que não há em termos médicos muito que se possa fazer agora.

Se os primeiros temores não se concretizarem e as nuvens negras se dissiparem, muitas pessoas vão dizer que tudo não passou de alarme falso. Vão dizer que a mídia exagerou. Bastante justo, mas o sobressalto da gripe suína de 2009, que eu cobri – ou contribuí para o pânico em torno da doença, se quiserem –, é agora considerada um alarme falso. Chegou do México na primavera, uma época inusitada para um surto de gripe, e causou um enorme número de casos, porque ninguém estava imune à nova combinação de genes. Sumiu no verão, como é de praxe para as gripes.

Um conselho de consultores de ciência da Casa Branca, porém, predisse que, quando voltasse no outono, a gripe suína mataria até 90 mil americanos. Esse documento, publicado mais tarde, desencadeou manchetes de pânico. (Não no meu jornal. Não acreditei na estimativa e deixei para escrever só depois de entrar em contato com vários epidemiologistas, o suficiente para desmascarar a previsão. Mas a essa altura era tarde demais. O *USA Today* e quase todas as TVs do país haviam dado a notícia com grande destaque.) Quando a nova gripe realmente voltou, os cientistas perceberam que era mais branda do que a maioria das gripes sazonais. Por fim, o número de pessoas que morreram de gripe em 2009 foi *menor* do que o de costume.

No final de 2009, conheci Aubrey Opdyke, uma antiga garçonete de 27 anos em West Palm Beach, na Flórida. Quando pegou a gripe em junho, ela pesava 61 quilos e era saudável, exceto por uma condição que a incluía no grupo de alto risco na temporada de gripe: ela estava esperando um bebê. Nada assustador – estava no meio de uma gravidez sem problemas.

Quando a conheci em outubro, ela estava em casa, tinha saído do hospital havia três semanas. Passara cinco semanas em coma, teve seis pneumotórax e uma convulsão que quase a matou. Ainda estava tão fraca que precisava de um andador para circular pela sala de estar de casa e mal conseguia levantar um peso de 450 gramas durante as sessões diárias com um fisioterapeuta. Do pescoço aos tornozelos, ela estava toda coberta de estrias: o ventilador de alta pressão que a mantivera viva durante o coma havia introduzido tanto ar em seus tecidos que o marido disse que ela lembrava fotos de mulheres de 180 quilos.

Aubrey perdeu o bebê. Em uma das crises de pneumotórax, o bebê teve de ser retirado por uma cesariana, e não sobreviveu. Como Aubrey estava em coma, nunca viu o bebê. Mas o marido deu à filha o nome de Parker Christine e permitiu que um fotógrafo da instituição de caridade "Now I lay me down to sleep" tirasse fotos em preto e branco para que Aubrey tivesse ao menos uma lembrança. A mãe de Aubrey dera um banho em Parker e escovara seu cabelo para a fotografia – e depois eles a enterraram.

As doenças "brandas" não são brandas para todo mundo, e um falso alarme é um desastre para outra mãe. Permaneçam alertas. E convictos.

13

Perguntas e respostas

(As informações a seguir se tornaram válidas a partir de 1º de junho de 2016, e estão de acordo com as recomendações das autoridades de saúde pública. Mas elas podem mudar. Por favor, consulte sites confiáveis como www.cdc.gov.)

P. Quão perigoso é o Zika?

R. Para a maioria das pessoas, o Zika é ameno. Quatro entre cinco pessoas não têm sintomas nem percebem que tiveram a infecção. A maioria que pega Zika se recupera em pouco tempo, entre uma semana e dez dias. Há um risco pequeno, mas imprevisível, de paralisia provocada pela síndrome de Guillain-Barré e outras complicações perigosas. A maior ameaça é para bebês ainda não nascidos, para quem o Zika pode ser devastador.

P. Se eu for picado por um mosquito com Zika, quanto tempo leva para que os sintomas apareçam?

R. Em geral, de três a seis dias, embora possa chegar a catorze.

P. Quais são os sintomas?

R. Os mais comuns são febre baixa (abaixo de 38,8 graus), exantema maculopapular no tronco – com pápulas, mas sem pústulas como as da catapora. Se você o pressiona, ele desaparece – você pode até ver a marca clara da mão na pele. Outros sinais são conjuntivite – olhos avermelhados ou rosados, dor atrás dos olhos, especialmente sob luz brilhante, dores nas costas e nas articulações. Nem todo mundo que apresenta alguns desses sintomas chega a ter todos os sinais típicos da doença. A febre e as dores nas costas em geral precedem a erupção cutânea, mas se forem amenas, o exantema pode ser o primeiro sinal.

P. Se eu fui a uma área de transmissão do Zika e fui picado, ou se percebi esses sintomas, o que devo fazer?

R. Se você estiver grávida, deve procurar um médico e fazer um teste assim que possível. Os testes mais precisos só podem ser feitos nos primeiros dez dias após a infecção. Os testes com anticorpos devem ser colhidos mais tarde, mas levam dias ou semanas para ficar prontos e são menos confiáveis.

P. O que o Zika faz com os bebês ainda não nascidos?

R. Ele pode causar microcefalia – cabeças pequenas e cérebros subdesenvolvidos. Mas pode matar os bebês no útero. O vírus é capaz de causar esses danos em qualquer momento da gravidez. Também pode causar lesões mais leves às células nervosas no cérebro em formação, o que tende a acarretar graves malformações de nascença. Alguns recém-nascidos têm convulsões fatais. Outros têm braços e pernas espásticos ou travados. Alguns choram constantemente num tom agudo. Outros têm dificuldade em ser alimentados ou engolir. Sem terapia intensiva, alguns morrem nas primeiras semanas de vida.

P. Qual é o futuro desses bebês?

R. A maioria afetada pelo Zika ainda é muito pequena, por isso os médicos devem fazer conjeturas tomando por base outros vírus, como o da rubéola e o citomegalovírus, que atacam os fetos. Alguns bebês parecem ser cegos ou surdos. Outros talvez nunca aprendam a ficar em pé, caminhar ou evacuar. Alguns podem ter grave incapacidade de aprendizado desde a infância. Os especialistas temem que alguns que pareçam saudáveis na infância possam ter esquizofrenia ou distúrbio bipolar na vida adulta.

P. O que dizer da síndrome de Guillain-Barré?

R. Zika pode causar a paralisia de Guillain-Barré, mas isso ainda é muito raro – num surto de Zika, a probabilidade de alguém ter essa síndrome foi calculada de um em cada 4 mil casos. Você corre o risco de Guillain-Barré em qualquer época; a taxa básica mundial é de um caso em 100 mil pessoas por ano. A síndrome pode ser desencadeada por um resfriado, uma gripe, uma gripe estomacal ou uma cirurgia. *Campylobacter*, a bactéria encontrada em carne de frango crua, é um vetor comum. As vacinas são uma causa rara.

P. O que é exatamente a síndrome de Guillain-Barré?

R. O sistema imunológico gera anticorpos que atacam as células nervosas do indivíduo. Isso pode causar uma paralisia ascendente, que se insinua dos membros e da face em direção ao tórax. Se atingir os músculos da respiração, a vítima pode morrer se não for imediatamente socorrida com ventilação mecânica. A maioria das pessoas se recupera em seis meses a um ano. Cerca de 15 por cento ficam com fraqueza muscular persistente.

P. Como posso me proteger contra o Zika?

R. Mantenha-se distante das áreas onde os mosquitos estão transmitindo o vírus. Se não puder, evite as picadas. Não tenha relações sexuais desprotegidas com um homem que tem, ou talvez tenha, o vírus. O CDC aconselha oito semanas de uso de preservativo ou abstinência se o homem não apresentar sintomas, seis meses se ele tiver algum sinal da doença, e, se você estiver grávida, durante toda a gravidez.

P. É seguro viajar?

R. Para as grávidas, *não* é absolutamente seguro visitar áreas com transmissão do Zika em curso. Verifique nos sites do CDC e da OMS a lista de países com Zika. Mas para saber se a atividade do mosquito é intensa numa certa região, você talvez tenha de fazer sua própria pesquisa. Qualquer lugar acima de 2 mil metros é considerado seguro, mas considere, por exemplo, o local em que talvez seja preciso trocar de avião.

P. Que tipo de mosquito transmite o vírus?

R. O vetor mais comum é o *Aedes aegypti*, o mosquito da febre amarela. Embora tenha sido encontrado ocasionalmente em trinta estados, e em anos quentes e úmidos possa chegar até a cidade de Nova York, espera-se que a ameaça seja alta apenas na Flórida, ao longo da Costa do Golfo e no Havaí. O *Aedes albopictus*, o mosquito tigre asiático, também pode transmitir o Zika, e é encontrado bem ao norte de Chicago e Nova York nos verões quentes. Mas não se sabe se o tigre pode disseminar efetivamente o Zika. O Brasil notificou a existência do vírus em mosquitos *Culex*, que estão por todos os Estados Unidos. Mas nunca se provou que eles transmitam o vírus.

P. Como posso saber que tipo de mosquito está no meu entorno?

R. É difícil distinguir. Os mosquitos *Aedes* são um pouco maiores que os *Culex* e *Albopictus*, que transmitem doenças diferentes, e são pretos com manchas brancas vívidas. O *Aedes aegypti*, o mosquito da febre amarela, tem duas linhas curvas "em forma de lira" no dorso. As fêmeas põem ovos grudentos em água limpa – até nas cumbucas dos animais de estimação – e entram nas casas e se escondem dentro de armários e embaixo das camas. Elas picam frequentemente nos tornozelos e são do tipo que "sugam aos pouquinhos", picando várias pessoas para cada refeição completa de sangue. O *Aedes albopictus*, o mosquito tigre asiático, é semelhante, mas pode ser ainda maior e ter uma linha branca no dorso. Tende a picar e ficar pendurado na pele, a menos que seja esmagado.

P. Como posso me proteger contra o Zika se vivo numa área de transmissão do vírus?

R. Se você estiver grávida, deve evitar picadas de mosquito 24 horas por dia. Feche as janelas, ponha tela em todas as aberturas e use ar-condicionado. Ande de calças e mangas compridas, e cubra-se de repelente com DEET, picaridina, IR3535, óleo de eucalipto-limão ou paramentanodiol.

P. O DEET é seguro para grávidas?

R. Sim, segundo o CDC, especialmente em circunstâncias de alto risco.

P. Posso ser picada por um mosquito e ainda assim ter um bebê saudável? Quais são as probabilidades?

R. Sim. Nem todo mosquito é um *Aedes*, e nem todos *Aedes* estão infectados. Por algumas estimativas, até em zonas de alta transmissão do vírus apenas um mosquito em mil tem o vírus. Para compreender isso em perspectiva: o Brasil teve mais de 1.400 casos confirmados de microcefalia e mais de 7 mil notificados. Mas 3 milhões de bebês nascem normalmente no Brasil a cada ano.

P. Se vivo numa área onde o vírus está sendo transmitido pelos mosquitos, preciso me proteger contra a transmissão sexual?

R. Sim. Seu marido ou namorado pode pegar o vírus e passá-lo para você mesmo antes de apresentar sintomas. Você precisa evitar sexo desprotegido – vaginal, anal e oral.

P. Se eu pegar Zika e me recuperar, é seguro ter um bebê mais tarde?

R. Sim, certamente. Uma infecção do Zika não é para toda a vida. Como acontece com muitas outras doenças que apresentam erupção cutânea – catapora, varíola e sarampo, por exemplo –, contrair a doença uma vez parece propiciar imunidade para sempre. Ninguém ainda sabe ao certo se a imunidade do Zika é duradoura, porque a doença é estudada há poucos anos, mas os médicos acreditam que seja de longa duração.

P. Depois de estar numa área de transmissão do Zika, quanto tempo devo esperar para ter um bebê?

R. Você estará provavelmente segura dentro de três semanas, mas por cautela o CDC recomenda que as mulheres esperem oito semanas. (Eles tomaram o período estimado de segurança e quase o triplicaram.)

P. Devo adiar a gravidez?

R. É uma pergunta difícil, que toda mulher tem de responder para si mesma. Alguns médicos proeminentes acham que as mulheres das áreas onde há transmissão do Zika agora – ou talvez em breve – seriam sábias em adiar a gravidez se pudessem. É praticamente impossível proteger-se contra picadas de mosquitos durante nove meses. As epidemias são mais violentas no primeiro ano. E em alguns anos talvez exista uma vacina disponível.

P. O que dizer ao meu marido? Ele pode me transmitir Zika?

R. Sim. Os médicos ainda estão se informando mais sobre esse risco. Se um homem não teve sintomas e não fez nenhum exame depois de retornar de uma área com transmissão do vírus, o CDC recomenda evitar qualquer contato com seu sêmen por oito semanas – o que significa abster-se de sexo vaginal, oral e anal ou usar preservativos. Se ele teve sintomas ou um teste positivo para o Zika, é melhor evitar o contato com seu sêmen por seis meses.

P. Seis meses? Por que tanto tempo?

R. Tem-se encontrado vírus Zika vivo no sêmen até dois meses depois de os sintomas desaparecerem. As grávidas devem evitar o contato com esse sêmen durante toda a gravidez.

P. Meu marido pode pegar Zika sem jamais ficar sabendo?

R. Certamente que sim. Oitenta por cento de todas as pessoas infectadas com Zika nunca apresentam sintomas.

P. Se meu marido foi a um lugar com Zika, quais são as chances de ele ter pegado o vírus?

R. Infelizmente, isso é impossível de saber. O risco varia não apenas de país para país, mas também de região para região. Uma área baixa infestada de insetos no México pode ser perigosa, enquanto a Cidade do México talvez seja perfeitamente segura por estar num local demasiado alto para os mosquitos.

P. Meu marido/namorado pode pegar o vírus por fazer sexo com outra mulher que tem Zika?

R. Provavelmente não. Até este momento, ainda não houve casos documentados de transmissão humana mulher para homem. Assim, se ele disser, "Juro, peguei Zika de uma picada de mosquito", ele está provavelmente falando a verdade.

P. Meu marido/namorado pode pegar o vírus por fazer sexo com outro homem que tem Zika?

R. Sim. Mas se seu marido ou namorado for bissexual, você pode enfrentar outros riscos, inclusive HIV, sífilis, gonorreia e clamídia, mais comuns entre gays e bissexuais.

P. Meu marido/namorado pode me transmitir Zika mesmo que nunca tenha se sentido doente?

R. Possivelmente. Os homens têm transmitido Zika para suas esposas *antes* de ficar doentes. Não se sabe se um homem totalmente sem sintomas pode transmitir a infecção.

P. Os homens que retornaram de uma área com Zika podem ser doadores de esperma?

R. Não houve casos conhecidos de transmissão por essa maneira, mas, como é uma doença sexualmente transmissível (DST), os bancos de esperma devem tomar as mesmas precauções contra o Zika que tomam contra outras DSTs.

P. Se sou inseminada com esperma de um banco de esperma, qual é a probabilidade de que contenha Zika?

R. Pouco se sabe sobre isso, mas, ao menos em teoria, a probabilidade deve ser baixa. Os bancos de esperma devem escrutinar os doadores, e o esperma deve ser testado para vírus. Entretanto, nenhum teste é perfeito.

P. Posso pegar Zika via sexo anal, sexo oral ou qualquer outra forma de sexo?

R. Certamente pelo sexo anal. Suspeita-se da possibilidade de transmissão por sexo oral, mas não está comprovada. Tem-se encontrado o vírus em altos níveis no sêmen, sangue e urina, e em baixos níveis na saliva. A transmissão pelo beijo não foi documentada, e julga-se ser improvável. Não se considera seguro o contato entre fluidos infecciosos e as mucosas como as existentes no interior da vagina, do reto e da boca, ou com olhos e nariz. É provavelmente seguro o contato com as mãos, os seios ou qualquer outra parte do corpo coberta por pele intata.

P. Sou gay. Posso pegar Zika fazendo sexo anal com meu namorado?

R. Sem dúvida. E isso já aconteceu.

P. Se estou grávida e tive Zika, quando serei capaz de saber se meu bebê foi afetado?

R. Se você teve um teste positivo para o Zika, seu médico deve prescrever ultrassonografias e exames de ressonância magnética a cada três semanas. Ele pode sugerir também a amniocentese, para procurar o vírus na bolsa amniótica que envolve o bebê. Ninguém sabe quanto tempo, a partir da data da infecção, o dano leva para aparecer no ultrassom, mas as mudanças indicativas de dano cerebral têm sido detectadas já na 19ª semana de gravidez, no segundo trimestre.

P. Se eu tive Zika, qual é a probabilidade de meu bebê ter sido afetado?

R. Ninguém sabe. A maioria dos bebês cujas mães tiveram Zika parece normal ao nascer. Alguns primeiros estudos sugeriam que a probabilidade de dano cerebral está entre 1 por cento e 29 por cento, o que é uma margem muito ampla. Um estudo patrocinado pelo CDC, publicado em 25 de maio, detectou que o risco de microcefalia pode chegar a 13 por cento. A pesquisa não estimou outros tipos de dano cerebral. Estão em andamento estudos mais amplos que devem responder à pergunta com mais precisão.

P. Se eu tenho Zika, posso amamentar meu filho com segurança?

R. Embora o vírus tenha sido encontrado no leite materno, nunca se provou que a amamentação o transmitisse, por isso a OMS e o CDC recomendam que mulheres com Zika continuem a amamentar. Acreditam que os benefícios são muito maiores que os riscos.

P. Existe uma vacina para o Zika? Haverá essa vacina algum dia?

R. Não, ainda não. Quase vinte laboratórios estão trabalhando em vacinas para o Zika, mas é obrigatório fazer longos testes. Os cenários mais otimistas esperam conseguir uma vacina no final de 2018. Alguma data até 2021 é considerada mais realista. Alguns pessimistas temem que o risco de desencadear a paralisia de Guillain-Barré durante os testes em humanos torne uma vacina impossível.

Referências

CAPÍTULO 1

14 "O Zika não nos preocupa": Donald G. McNeil Jr., Simon Romero e Sabrina Tavernise, "How a Medical Mystery in Brazil Led Doctors to Zika", *The New York Times*, 6 de fevereiro de 2016, http://www.nytimes.com/2016/02/07/health/zika-virus-brazil-how-itspread-explained.html.

CAPÍTULO 2

18 "Ziika"– a grafia foi abreviada: Josh Kron, "In a Remote Ugandan Lab, Encounters with the Zika Virus and Mosquitoes Decades Ago", *The New York Times*, 5 de abril de 2016, http://www.nytimes.com/2016/04/06/world/africa/uganda-zika-forestmosquitoes.html.

20 Em 19 de abril de 1947: Jon Cohen, "Zika's Long Strange Trip into the Limelight", *Science*, 8 de fevereiro de 2016, http://www.sciencemag.org/news/2016/02/zika-s-long-strange-trip-limelight.

20 Um "agente filtrável, transmissível": G. W. A. Dick, S. F. Kitchen e A. J. Haddow, "Zika Virus (I). Isolations and Serological Specificity", *Transactions of the Royal Society of Tropical Medicine and Hygiene*, setembro de 1952, p. 509, http://trstmh.oxfordjournals.org/content/46/5/509.full.pdf+html.

26 "Uma africana de 10 anos": F. N. Macnamara, "Zika Virus: A Report on Three Cases of Human Infection during an Epidemic of Jaundice in Nigeria", *Transactions of the Royal Society of Tropical Medicine and Hygiene*, março de 1954, p. 139, http://trstmh.oxfordjournals.org/content/48/2/139.full.pdf+html?sid=864a5093-2f7f-4f0bba6d-30030da79028.

28 Depois de marcar o local: W. G. C. Bearcroft, "Zika Virus Infection Experimentally Induced in a Human Volunteer", *Transactions of the Royal Society of Tropical Medicine and Hygiene*, setembro de 1956, p. 442, http://trstmh.oxfordjournals.org/content/50/5/442.full.pdf+html?sid=ad409066-59d5-4ef4-a3a7-29dd4a149ae1.

29 Em 1964, outro pesquisador: D. I. H. Simpson, "Zika Virus Infection in Man", *Transactions of the Royal Society of Tropical Medicine and Hygiene*, julho de 1964, p. 335, http://linkinghub.elsevier.com/retrieve/pii/0035920364902007?showall=true.

34 Em março de 2016, pesquisadores: Shannan L. Rossi et al., "Characterization of a Novel Murine Model to Study Zika Virus", *American Journal of Tropical Medicine and Hygiene*, 28 de março de 2016, doi:10.4269/ajtmh.16-0111.

CAPÍTULO 3

39 A primeira vez que o Zika foi observado: Mark R. Duffy et al., "Zika Virus Outbreak on Yap Island, Federated States of Micronesia", *New England Journal of Medicine*, 11 de junho de 2009, doi:10.1056/NEJMoa0805715.

40 A dengue continuava a aparecer: Austin Ramzy, "Experts Study Zika's Path from First Outbreak in Pacific", *The New York Times*, 10 de fevereiro de 2016, http://www.nytimes.com/2016/02/11/world/asia/zika-virus-yapisland.html.

41 "Trabalhamos num clima quente": Tai-Ho Chen et al., "Zika Virus Outbreak – Yap, Micronesia, junho de 2007", *EIS e-Bulletin*, março de 2008.

42 "Nosso sistema de saúde": Reuters Health E-Line, "Little Known Virus Causes Outbreak in Pacific Isles", *Reuters*, 10 de julho de 2007, http://www.reuters.com/article/us-virus-mosquito-zikaidUSHKG4179220070710.

43 Em 7 de outubro de 2013: Henri-Pierre Mallet et al., "Epidémie de virus Zika en Polynésie française" (apresentação de PowerPoint na conferência inter-regional sobre vigilância de saúde pública, Fort de France, Martinique, 5-7 de novembro de 2015).

43 "O Taiti é uma ilha pequena": Jason Beaubien, "Zika in French Polynesia: It Struck Hard in 2013, Then Disappeared", *NPR News*, 9 de fevereiro de 2016, http://www.npr.org/sections/goatsandsoda/2016/02/09/466152313/zika-in-french-polynesia-it-struck-hardin-2013-then-disappeared.

44 O primeiro domicílio: Van-Mai Cao-Lormeau et al., "Zika Virus, French Polynesia, South Pacific, 2013" (carta), *Emerging Infectious Diseases*, 1º de junho de 2014, doi:10.3201/eid2006.140138.

45 A primeira paciente foi uma mulher: E. Oehler et al., "Zika Virus Infection Complicated by Guillain-Barré Syndrome – Case Report, French Polynesia, dezembro de 2013", *Eurosurveillance*, 6 de março de 2014, doi:http://dx.doi.org/10.2807/1560-7917. ES2014.19.9.20720.

45 "Até então todo mundo": Damien Mascret, "Interview with dr. Sandrine Mons", *Le Figaro*, 18 de fevereiro de 2016, http:// sante.lefigaro.fr/actualite/2016/02/18/24642-tahiti-zika-etait-considere-commebenin.

47 Quatro casos de púrpura: "Surveillance de la dengue et du zika en Polynésie française", *Centre d'Hygiène et du Salubrité Publique*, 7 de fevereiro de 2014, http://www.hygiene-publique.gov. pf/IMG/pdf/bulletin_dengue_07-02-14.pdf.

47 O pior caso era o de Larry Ly: Karen Weintraub, "Scientists Link Zika Firmly to Paralysis, as Patients in Tahiti Know Too Well", *STAT News*, 29 de fevereiro de 2016, https://www.statnews .com/2016/02/29/zikaguillain-barre-tahiti/.

47 Quando o medo da doença aumentou: "Epidémie de Zika: La ministre de la santé au chevet des malades", *Tahiti Infos*, 22 de fevereiro de 2014, http://www.tahiti-infos.com/forum/Epidemie-de-Zika-La-ministre-de-lasante-au-chevet-des-malades_ m195232.html.Zika_3pp.indd.

48 Finalmente, o alto comissário francês: "Les maires résistants aux pulvérizations d'insecticide rappelés à l'ordre", *Tahiti Infos*, 19 de fevereiro de 2014, http://www.tahiti-infos.com/L-epidemie-de-zikarecule-mais-la-situation-sanitaire-reste-tendue_a950 04.html.

48 Em abril de 2014, quando: Henri-Pierre Mallet, "Emergence du vírus Zika en Polynésie française" (apresentação de Power-Point na conferência nacional de doenças infecciosas, Bordeaux, France, 11–13 de junho de 2014).

48 A "taxa de ataque" do Guillain-Barré: Van-Mai Cao-Lormeau et al., "Guillain-Barré Syndrome Outbreak Associated with Zika Virus Infection in French Polynesia: A Case-Control Study", *Lancet*, 29 de fevereiro de 2016, http://dx.doi.org/10.1016/S0140-6736(16)00562-6.

49 Numa entrevista: Gwendoline dos Santos e Frédéric Lewino, "Scandal: Health Authorities Ignore a Leading Zika Specialist", *Le Point*, 3 de fevereiro de 2016, http://www.lepoint.fr/sante/zika-la-propagation-de-l-epidemie-etait-previsible-depuis-2014-03-02-2016-2014974_40.php.

49 Em 2015, quando o Alto Conselho de Saúde Pública da França: dos Santos e Lewino, "Scandal".

49 Do Taiti, o vírus: "L'épidémie de zika en phase terminale en Polynésie française", *Tahiti Infos*, 9 de abril de 2014, http://www.tahiti-infos.com/L-epidemie-de-zika-en-phase-terminale-en--Polynesie-francaise_a98643.html.

50 O dr. Musso publicou uma carta: Didier Musso, "Zika Virus Transmission from French Polynesia to Brazil", *Emerging Infectious Diseases*, outubro de 2015, http://dx.doi.org/10.3201/eid2110.151125.

51 Em março de 2016: Nuno Rodrigues Faria et al., "Zika Virus in the Americas: Early Epidemiological and Genetic Findings", *Science*, 24 de março de 2016, http://science.sciencemag.org/content/early/2016/03/23/science.aaf5036.

51 Em abril, pesquisadores: John Lednicky et al., "Zika Virus Outbreak in Haiti in 2014: Molecular and Clinical Data", *PLOS Neglected Tropical Diseases*, 25 de abril de 2016, http://dx.doi.org/10.1371/journal.pntd.0004687.

52 Essa não foi a primeira: "L'origine de l'épidémie de zika en Polynésie restera un mystère", *Tahiti Infos*, 9 de dezembro de 2013, http://www.tahitiinfos.com/Dengue-Zika-la-chasse-aux-moustiques-doit-etretotale_a89989.html.

CAPÍTULO 4

54 Os corredores dos hospitais: Donald G. McNeil Jr., Simon Romero e Sabrina Tavernise, "How a Medical Mystery in Brazil Led Doctors to Zika", *The New York Times*, 6 de fevereiro de 2016, http://www.nytimes.com/2016/02/07/health/zika-virus-brazil-how-it-spread-explained.html.

55 Eles têm razões de sobra para: J. P. Messina et al., "Mapping Global Environmental Suitability for Zika Virus", *eLife Sciences*, 18 de janeiro de 2016, http://simonhay.well.ox.ac.uk/uploads/publications/309/Messina_MappingGlobalEnvSuitZikaVirus_2016_provis_SI.pdf.

56 Depois disso, a maior: Van-Mai Cao-Lormeau et al., "Guillain-Barré Syndrome Outbreak Associated with Zika Virus Infection in French Polynesia: A Case-control Study", *Lancet*, 29 de fevereiro de 2016, http://dx.doi.org/10.1016/S0140-6736(16)00562-6.

CAPÍTULO 5

59 Escutei pela primeira vez: S. C. Weaver e W. K. Reisen, "Present and Future Arboviral Threats", *Antiviral Research*, 24 de outubro de 2009, doi:10.1016/j.antiviral.2009.10.008.

63 No Google News: Shasta Darlington, "Brazil Warns against Pregnancy Due to Spreading Virus", *CNN News*, 24 de dezembro de 2015, http://www.cnn.com/2015/12/23/health/brazil-zika-pregnancywarning/.

64 Alguns anos antes: Donald G. McNeil Jr., "Fast New Test Could Find Leprosy before Damage Is Lasting", *The New York Times*, 19 de fevereiro de 2013, http://www.nytimes.com/2013/02/20/health/fast-newtest-could-help-nip-leprosy-in-the-bud.html.

66 Escrevi um artigo breve: Donald G. McNeil Jr., "Zika Virus, a Mosquito-Borne Infection, May Threaten Brazil's Newborns", *The New York Times*, 28 de dezembro de 2015, http://www.nytimes.com/2015/12/29/health/zika-virus-brazil-mosquito-brain-damage.html.

69 O artigo de Simon chegou: Simon Romero, "Alarm Spreads in Brazil over a Virus and a Surge in Malformed Infants", *The New York Times*, 30 de dezembro de 2015, http://www.nytimes.com/2015/12/31/world/americas/alarm-spreads-in-brazil-over-a-virus-and-a-surge-inmalformed-infants.html.

70 Em 4 de janeiro de 2016: Donald G. McNeil Jr., "U.S. Becomes More Vulnerable to Tropical Diseases Like Zika", *The New York Times*, 4 de janeiro de 2016, http://www.nytimes.com/2016/01/05/health/us-becomes-more-vulnerable-to-tropical-diseases-like-zika.html.

71 Então, em 4 de janeiro, Porto Rico: Lisa Schnirring, "Puerto Rico Reports First Locally Acquired Zika Virus Case", *CIDRAP*

News, 4 de janeiro de 2016, http://www.cidrap.umn.edu/news-perspective/2016/01/puerto-rico-reports-first-locally-acquired-zika-virus-case.

71 Na realidade, fiquei sabendo: "First Case of Zika Virus Reported in Puerto Rico", *Centers for Disease Control and Prevention*, 31 de dezembro de 2015, http://www.cdc.gov/media/releases/2015/s1231-zika.html.

71 Até que o repórter da Associated Press: "Puerto Rico Reports Its First Mosquito-Borne Zika Case", Associated Press, 4 de janeiro de 2016, http://wgntv.com/2016/01/04/puerto-rico-reports-its-first-mosquitoborne-zika-case/.

75 Em 13 de janeiro, recebi: Lavinia Schuler-Faccini et al., "Possible Association between Zika Virus Infection and Microcephaly – Brazil, 2015", *Morbidity and Mortality Weekly Report*, 22 de janeiro de 2016, http://dx.doi.org/10.15585/mmwr.mm6503e2.

76 Essa era a *segunda*: "Zika Virus Epidemic in the Americas: Potential Association with Microcephaly and Guillain-Barré Syndrome", *European Centre for Disease Prevention and Control*, 10 de dezembro de 2015, p. 7, http://ecdc.europa.eu/en/publications/Publications/zika-virus-americas-association-with-microcephaly-rapid-riskassessment.pdf.

79 A agência emitiu: Donald G. McNeil Jr., "To Protect against Zika Virus, Pregnant Women Are Warned about Latin American Trips", *The New York Times*, 15 de janeiro de 2016, http://www.nytimes.com/2016/01/16/health/zika-virus-cdc-pregnant-women-travelwarning.html.

80 Isso deve ter perturbado de fato: Simon Romero, "Zika Warning Spotlights Latin America's Fight against Mosquito-Borne Diseases", *The New York Times*, 17 de janeiro de 2016, http://www.nytimes.com/2016/01/18/world/americas/brazil-zika-warning-rio-games.html.

80 Nasceu o primeiro bebê americano: Donald G. McNeil Jr., "Hawaii Baby with Brain Damage Is First U.S. Case Tied to Zika Virus", *The New York Times*, 16 de janeiro de 2016, http://www.nytimes.com/2016/01/17/health/hawaii-reports-baby-born-with-brain-damage-linked-tozika-virus.html.

CAPÍTULO 6

81 As pessoas em todo o mundo: Andrew Jacobs, "Brazilians Shrug Off Zika Fears to Revel in Carnival Fun", *The New York Times*, 10 de fevereiro de 2016, http://www.nytimes.com/2016/02/11/world/americas/brazil-zikavirus-carnival.html.

81 Até então, a OMS: Editorial, "Zika Virus Requires an Urgent Response", *The New York Times*, 28 de janeiro de 2016, http://www.nytimes.com/2016/01/28/opinion/zika-virus-requires-an--urgent-response.html.

82 Duas semanas mais tarde: Sabrina Tavernise e Donald G. McNeil Jr.,"Zika Virus a Global Health Emergency, W.H.O. Says", *The New York Times*, 1º de fevereiro de 2016, http://www.nytimes.com/2016/02/02/health/zika-virus-world-health-organization.html.

85 Em uma semana, algo extraordinário: "Statement on Data Sharing in Public Health Emergencies", *PLOS in the News*, 10 de fevereiro de 2016, http://blogs.plos.org/plos/2016/02/statement-on-data-sharing-inpublic-health-emergencies/.

87 Minha colega Catherine: Catherine Saint Louis, "Microcephaly, Spotlighted by Zika Virus, Has Long Afflicted and Mystified", *The New York Times*, 31 de janeiro de 2016, http://www.nytimes.com/2016/02/01/health/microcephaly-spotlighted-by--zika-virushas-long-afflicted-and-mystified.html.

88 A BBC apresentou: Graham Satchell, "'He Is Enjoying Life': Living with Microcephaly in the UK", *BBC News*, 5 de fevereiro de 2016, http://www.bbc.com/news/health-35500306.

88 Os cientistas da Polinésia Francesa: dr. Simon Cauchemez et al., "Association between Zika Virus and Microcephaly in French Polynesia, 2013-15: A Retrospective Study", *Lancet*, 15 de março de 2016, http://dx.doi.org/10.1016/S0140-6736(16)00651-6.

88 Minha colega Sabrina Tavernise entrevistou: Donald G. McNeil Jr., Simon Romero e Sabrina Tavernise, "How a Medical Mystery in Brazil Led Doctors to Zika", *The New York Times*, 6 de fevereiro de 2016, http://www.nytimes.com/2016/02/07/health/zika-virus-brazil-how-itspread-explained.html.

88 Um artigo sobre controle de mosquitos: Sabrina Tavernise, "Prepare for Guerrilla Warfare with Zika-Carrying Mosquitoes, Experts Warn", *The New York Times*, 12 de fevereiro de 2016, http://www.nytimes.com/2016/02/13/health/prepare-for-guerrilla-warfare-with-zikacarrying-mosquitoes-experts-warn.html.

88 Do Brasil, Simon mandou: Simon Romero e Donald G. McNeil Jr., "Zika Virus May Be Linked to Surge in Rare Syndrome in Brazil", *The New York Times*, 22 de janeiro de 2016, http://www.nytimes.com/2016/01/22/world/americas/zika-virus-may-be-linked-to-surge-in-raresyndrome-in-brazil.html.

89 O primeiro americano a morrer: Donald G. McNeil Jr. e Daniel Victor, "First U.S. Death Tied to Zika Is Reported in Puerto Rico", *The New York Times*, 29 de abril de 2016, http://www.nytimes.com/2016/04/30/health/zika-virus-first-death-in-us-puerto-rico.html.

91 Não havia como saber: Joari De Miranda et al., "Induction of Toll-Like Receptor 3-Mediated Immunity during Gestation Inhibits Cortical Neurogenesis and Causes Behavioral Disturbances", *mBio*, 5 de outubro de 2010, doi:10.1128/mBio.00176-10.

92 Em 1988, pesquisas finlandesas: Sarnoff A. Mednick et al., "Adult Schizophrenia Following Prenatal Exposure to an Influenza Epidemic", *Archives of General Psychiatry* 45, no. 2 (1988): 189, doi:10.1001/archpsyc.1988.01800260109013.

92 Um pioneiro: E. Fuller Torrey, entrevista com o autor, fevereiro de 2016.

93 Não se saberá por muitos anos: Donald G. McNeil Jr., "Zika May Have Risk of Mental Illness, Researchers Say", *The New York Times,* 18 de feverciro de 2016, http://www.nytimes.com/2016/02/23/health/zikamay-increase-risk-of-mental-illness-researchers-say.html.

93 Os cientistas da Polinésia Francesa e da França: Cauchemez et al., "Association".

CAPÍTULO 7

98 A única explicação óbvia: Brian D. Foy et al., "Probable Non-Vector-Borne Transmission of Zika Virus, Colorado, USA", *Emerging Infectious Diseases*, 17 de maio de 2011, p. 880, doi:10.3201/eid1705.101939.

98 O artigo descrevia: Martin Enserink, "Sex after a Field Trip Yields Scientific First", *Science*, 6 de abril de 2011, http://www.sciencemag.org/news/2011/04/sex-after-field-trip-yields-scientificfirst.

99 Estava num artigo de importância relativamente menor: Didier Musso et al., "Potential Sexual Transmission of Zika Virus", *Emerging Infectious Diseases*, fevereiro de 2015, p. 359, doi:10.3201/eid2102.141363.

100 Em 25 de janeiro de 2016: Donald G. McNeil Jr., "Zika Virus: Two Cases Suggest It Could Be Spread through Sex", *The New York Times*, 25 de janeiro de 2016, http://www.nytimes.com/2016/01/26/health/twocases-suggest-zika-virus-could-be-spread-through-sex.html.

103 Em retrospectiva, parte do: D. Trew Deckard et al., "Male-to-Male Sexual Transmission of Zika Virus – Texas, January 2016", *Morbidity and Mortality Weekly Report*, 15 de abril de 2016, http://www.cdc.gov/mmwr/volumes/65/wr/mm6514a3.htm.

105 Os olhos são privilegiados: Denise Grady, "After Nearly Claiming His Life, Ebola Lurked in a Doctor's Eye", *The New York Times*, 7 de maio de 2015, http://www.nytimes.com/2015/05/08/health/weeksafter-his-recovery-ebola-lurked-in-a-doctors-eye.html.

CAPÍTULO 8

108 Uma enfermeira clínica: Dyan J. Summers et al., "Zika Virus in an American Recreational Traveler", *Journal of Travel Medicine*, 21 de maio de 2015, doi:10.1111/jtm.12208.

112 Foi um bom encontro: Henri-Pierre Mallet, "Emergence du virus Zika en Polynésie française" (apresentação de PowerPoint, na conferência nacional de doenças infecciosas, Bordeaux, France, 11-13 de junho de 2014).

CAPÍTULO 9

121 Um estudo de 2008: Celia W. Dugger, "Study Cites Toll of AIDS Policy in South Africa", *The New York Times*, 25 de novembro de 2008, http://www.nytimes.com/2008/11/26/world/africa/26aids.html.

124 O disse me disse sobre um larvicida: Production Team REDUAS, "Report from Physicians in the Crop-Sprayed Towns regarding Dengue-Zika, Microcephaly, and Massive Spraying with Chemical Poisons", *Red Universitaria de Ambiente y Salud*, 9 de fevereiro de 2016, http://www.reduas.com.ar/informe-de--medicos-de-pueblosfumigados-sobre-dengue-zika-y-fumigaciones-con-venenosquimicos/.

129 Remexi em antigas reportagens: "Microcephaly – Brazil", *WHO Disease Outbreak News*, 15 de dezembro de 2015, http://www.who.int/csr/don/15-december-2015-microcephaly-brazil/en/

129 Então, em 3 de fevereiro: Vinod Sreeharsha, "Birth Defects in Brazil May Be Overreported amid Zika Fears", *The New York Times*, 3 de fevereiro de 2016, http://www.nytimes.com/2016/02/04/world/americas/birth-defects-in-brazil-may--be-over-reported-amid-zika-fears.html.

CAPÍTULO 10

133 Os cientistas na América Latina: Donald G. McNeil Jr., "Proof of Zika's Role in Birth Defects Still Months Away, W.H.O. Says", *The New York Times*, 19 de fevereiro de 2016, http://www.nytimes.com/2016/02/20/health/zika-virus-microcephaly-birth--defectsproof-who.html.

134 "Com base em estudos observacionais": "Zika Situation Report", *WHO Emergencies*, 31 de março de 2016, http://www.who.int/emergencies/zikavirus/situation-report/31-march-2016/en/.

134 Em 13 de abril: Pam Belluck e Donald G. McNeil Jr., "Zika Virus Causes Birth Defects, Health Officials Confirm", *The New York Times*, 13 de abril de 2016, http://www.nytimes.com/2016/04/14/health/zika-virus-causes-birth-defects-cdc.html.

135 Uma série de pequenos estudos: Donald G. McNeil Jr., "6 Reasons to Think the Zika Virus Causes Microcephaly", *The New York Times*, atualizado em 3 de maio de 2016, http://www.nytimes.com/interactive/2016/04/01/health/02zika-microcephaly.html.

135 Várias equipes médicas independentes: Jernej Mlakar, MD, et al., "Brief Report: Zika Virus Associated with Microcephaly", *New England Journal of Medicine*, 10 de fevereiro de 2016, doi:10.1056/NEJMoa1600651.

135 Um caso particularmente sombrio: Rita W. Driggers et al., "Zika Virus Infection with Prolonged Maternal Viremia and Fetal Brain Abnormalities", *New England Journal of Medicine*, 30 de março de 2016, doi:10.1056/NEJMoa1601824.

136 Havia também a "plausibilidade biológica": Hengli Tang et al., "Zika Virus Infects Human Cortical Neural Progenitors and Attenuates Their Growth", *Cell Stem Cell*, 4 de março de 2016, http://dx.doi.org/10.1016/j.stem.2016.02.016.

137 A evidência mais convincente: Patrícia Brasil et al., "Zika Virus Infection in Pregnant Women in Rio de Janeiro – Preliminary Report", *New England Journal of Medicine*, 4 de março de 2016, doi:10.1056/NEJMoa1602412.

139 Um estudo feito pelo CDC: Michael A. Johansson et al., "Zika and the Risk of Microcephaly", *New England Journal of Medicine*, online, 25 de maio de 2016, doi:10.1056/NEJMp1605367.

139 A pilha de evidências: Sonja A. Rasmussen, MD, et al., "Special Report: Zika Virus and Birth Defects – Reviewing the Evidence for Causality", *New England Journal of Medicine*, 13 de abril de 2016, doi:10.1056/NEJMsr1604338.

CAPÍTULO 11

144 Depois El Salvador propôs: Azam Ahmed, "El Salvador's Advice on Zika Virus: Don't Have Babies", *The New York Times*, 25 de janeiro de 2016, http://www.nytimes.com/2016/01/26/world/americas/el-salvadors-advice-on-zika-dont-have-babies.html.

145 Começaram com: Anastasia Moloney, "Advice to Delay Pregnancy Due to Zika Virus Is Naïve, Activists Say", Reuters, 22 de janeiro de 2016, http://www.reuters.com/article/us-americas-healthzika-idUSKCN0V100H.

146 Sara Garcia: Moloney, "Advice".

146 As ativistas americanas: Moloney, "Advice".

146 O *Morning Edition* da NPR: Renee Montagne, "Is It Realistic to Recommend Delaying Pregnancy during Zika Outbreak?", *NPR's Morning Edition*, transmitido em 27 de janeiro de 2016, http://www.npr.org/sections/goatsandsoda/2016/01/27/464533090/is-it-realistic-torecommend-delaying-pregnancy-during-zika-outbreak.

146 Quase imediatamente: Charlotte Alter, "Why Latin American Women Can't Follow the Zika Advice to Avoid Pregnancy", *Time*, 28 de janeiro de 2016, http://time.com/4197318/zika-virus-latinamerica-avoid-pregnancy/.

147 Emma Saloranta, uma das fundadoras: Emma Saloranta, "Zika Virus and the Hypocrisy of Telling Women to Delay Pregnancy", *Huffington Post*, 29 de janeiro de 2016, http://www.huffingtonpost.com/emma-saloranta/zika-virus-and-the-hypocrisy-of-telling-women-to-delaypregnancy_b_9090476.html.

152 Eu também fiquei sabendo: Eliza Berman, "How a German Measles Epidemic Stoked the Abortion Debate in 1965",

Time, 2 de fevereiro de 2015, http://time.com/3692652/measles-abortion-1960s/.

152 Em 5 de fevereiro: Donald G. McNeil Jr., "Growing Support among Experts for Zika Advice to Delay Pregnancy", *The New York Times*, 5 de fevereiro de 2016, http://www.nytimes.com/2016/02/09/health/zikavirus-women-pregnancy.html.

158 O Papa Francisco havia sugerido: Simon Romero e Jim Yardley, "Francis Says Contraception Can Be Used to Slow Zika", *The New York Times*, 18 de fevereiro de 2016, http://www.nytimes.com/2016/02/19/world/americas/francis-says-contraception-can-be-used-to-slow-zika.html.

159 Em 8 de março: Donald G. McNeil Jr., "W.H.O. Advises Pregnant Women to Avoid Areas Where Zika Is Spreading", *The New York Times*, 8 de março de 2016, http://www.nytimes.com/2016/03/09/health/zika-virus-pregant-women-travel.html.

159 Eu lhe enviei um e-mail: Sabrina Tavernise, "W.H.O. Recommends Contraception in Countries with Zika Virus", *The New York Times*, 18 de fevereiro de 2016, http://www.nytimes.com/2016/02/19/health/zikavirus-birth-control-contraception-who.html.

161 Em 25 de março: Sabrina Tavernise, "C.D.C. Offers Guidelines for Delaying Pregnancy after Zika Exposure", *The New York Times*, 25 de março de 2016, http://www.nytimes.com/2016/03/26/health/zika-virus-pregnancy-cdc-waiting-period.html.

167 Em 14 de abril: Donald G. McNeil Jr., "Health Officials Split over Advice on Pregancy in Zika Areas", *The New York Times*, 14 de abril de 2016, http://www.nytimes.com/2016/04/15/health/zika-viruspregnancy-delay-birth-defects-cdc.html.

167 Houston acabara de: Peter J. Hotez, "Zika Is Coming", *The New York Times*, 8 de abril de 2016, http://www.nytimes.com/2016/04/09/opinion/zika-is-coming.html.

167 A CBS News o entrevistou: Jonathan LaPook, "Houston Authorities Bracing for Zika Virus Appearance", *CBS Evening News*, transmitido em 22 de abril de 2016, http://www.cbsnews.com/news/houston-texas-authorities-bracing-for-zika-virus-arrival/.

167 Ele tinha dito: Hari Sreenivasan, "Is a Perfect Storm of Zika Virus Conditions Coming to the Gulf Coast?", *PBS NewsHour*, transmitido em 18 de abril de 2016, http://www.pbs.org/newshour/bb/is-a-perfectstorm-of-zika-virus-conditions-coming-to-the-gulf-coast/.

168 A OPAS estava se inclinando: McNeil, "Health Officials".

CAPÍTULO 12

170 A outra razão: "Locally Acquired Dengue – Key West, Florida, 2009–2010", *CDC Morbidity and Mortality Weekly Report*, 21 de maio de 2010, http://www.cdc.gov/mmwr/preview/mmwrhtml/mm5919a1.htm.

170 Em 2009, bastaram três casos: Amesh A. Adalja et al., "Lessons Learned during Dengue Outbreaks in the United States, 2001-2011", *Emerging Infectious Diseases*, abril de 2012, doi:10.3201/eid1804.110968.

170 Ainda mais surpreendente: Charles Simmins, "Rochester Patient Links to Dengue Fever Outbreak on Florida", *Examiner.com*, 22 de maio de 2010, http://www.examiner.com/article/rochester-patientlinks-to-dengue-fever-outbreak-florida.

171 A disseminação do Zika: "West Nile Virus in the United States", *Wikipedia*, última modificação em 11 de dezembro de 2015, https://en.wikipedia.org/wiki/West_Nile_virus_in_the_United States.

172 O Oeste do Nilo é: CDC>West Nile Virus Home>Statistics and Maps, última atualização em 9 de junho de 2015, http://www.cdc.gov/westnile/statsmaps/index.html.

172 Não há garantia: "Estimated Range of *Aedes aegypti* and *Aedes albopictus* in the United States, 2016 Maps", CDC>Zika Virus Home>Information for Specific Groups>Vector Surveillance & Control, atualizado em 26 de abril de 2016, http://www.cdc.gov/zika/vector/range.html.

173 Uma maioria de americanos: "A Majority of People Say They Would Get a Zika Vaccine If It Were Available", Annenberg Public Policy Center of the University of Pennsylvania, 12 de maio de 2016, http://www.annenbergpublicpolicycenter.org/a-majority-ofpeople-say-theyd-get-a-zika-vaccine-if-it-were-available/.

173 Ao menos dezoito: Katie Thomas, "Vaccine for Zika Virus May Be Years Away, Experts Warn", *The New York Times*, 29 de janeiro de 2016, http://www.nytimes.com/2016/01/30/business/vaccine-for-zika-virusmay-be-years-away-disease-experts--warn.html.

174 Os Institutos Nacionais de Saúde: Anthony S. Fauci, MD, e David M. Morens, MD, "Zika Virus in the Americas –Yet Another Arbovirus Threat", *New England Journal of Medicine*, 13 de janeiro de 2016, doi:10.1056/NEJMp1600297.

175 Enquanto isso, os testes de segurança: Rafick-Pierre Sekaly, "The Failed HIV Merck Vaccine Study: A Step Back or a Launching Point for Future Vaccine Development?", *Journal of Experimental Medicine*, 14 de janeiro de 2008, doi:10.1084/jem.20072681.

178 Os vírus, porém: "Faster, Easier Cures for Hepatitis C", *FDA's Consumer Updates*, 28 de julho de 2014, http://www.fda.gov/ForConsumers/ConsumerUpdates/ucm405642.htm.

179 Não há cura: Devika Sirohi et al., "The 3.8 Å resolution Cryo-EM Structure of Zika Virus", *Science*, 22 de abril de 2016, doi:10.1126/science.aaf5316.

179 Um artigo publicado: Eloise Mastrangelo et al., "Ivermectin Is a Potent Inhibitor of Flavivirus Replication Specifically Targeting NS3 Helicase Activity: New Prospects of an Old Drug", *Journal of Antimicrobial Chemotherapy*, 25 de abril de 2012, doi:10.1093/jac/dks147.

179 Outros artigos dizem: Joanna Zmurko et al., "The Viral Polymerase Inhibitor 7-Deaza-2'-C-Methyladenosine Is a Potent Inhibitor of In Vitro Zika Virus Replication and Delays Disease Progression in a Robust Mouse Model Infection Model", *PLOS Neglected Tropical Diseases*, 10 de maio de 2016, doi:10.1371/journal.pntd.0004695; Marcos Carvalho Borges et al., "Chloroquine Use Improves Dengue-Related Symptoms", *Memórias do Instituto Oswaldo Cruz*, agosto de 2013, doi:10.1590/0074-0276108052013010.

180 É caro manufaturar anticorpos: Andrew Pollack, "Experimental Drug Would Help Fight Ebola If Supply Increases, Study Finds", *The New York Times*, 29 de agosto de 2014, http://www.nytimes.com/2014/08/30/world/africa/study-says-zmapp-works-against-ebola-but-makingit-takes-time.html.

180 A imunoglobulina: E. Oehler et al., "Zika Virus Infection Complicated by Guillain-Barré Syndrome – Case Report, French Polynesia, December 2013", *Eurosurveillance*, 6 de março de 2014, doi:http://dx.doi.org/10.2807/1560-7917.ES2014.19.9.20720.

180 As diretrizes do CDC: "Clinical Guidance: Pregnant Women and Women of Reproductive Age", CDC>Zika Virus Home>ForHealth,http://www.cdc.gov/zika/hc-providers/clinical-guidance.html.

180 Quando a microcefalia começou: Catherine Saint Louis, "Microcephaly, Spotlighted by Zika Virus, Has Long Afflicted and Mystified", *The New York Times*, 31 de janeiro de 2016, http://www.nytimes.com/2016/02/01/health/microcephaly-spotlighted-by-zika-virushas-long-afflicted-and-mystified.html.

180 Esse tempo foi reduzido: Rita W. Driggers et al., "Zika Virus Infection with Prolonged Maternal Viremia and Fetal Brain Abnormalities", *New England Journal of Medicine*, 30 de março de 2016, doi:10.1056/NEJMoa1601824.

181 Como ninguém: "PAHO Statement on Zika Virus Transmission and Prevention", *Pan American Health Organization*, 2 de fevereiro de 2016, http://www.paho.org/hq/index.php?option=com_content&view=article&id=11605&Itemid=41716&lang=en.

181 Atingiu também: "Zika Situation Report 19 May 2016", *World Health Organization Emergencies*, 19 de maio de 2016, http://www.who.int/emergencies/zika-virus/situation-report/19-may-2016/en/.

181 As preocupações iniciais: Donald G. McNeil Jr., "CDC Is Monitoring 279 Pregnant Women with Possible Zika Virus Infections", *The New York Times*, 20 de maio de 2016, http://www.nytimes.com/2016/05/21/health/pregnant-women-zika-virus--cdc.html.

182 Na cúpula do Zika: Donald G. McNeil Jr., "Health Officials Split over Advice on Pregancy in Zika Areas", *The New York Times*, 14 de abril de 2016, http://www.nytimes.com/2016/04/15/health/zika-virus-pregnancy-delay-birth-defects-cdc.html.

182 O conhecimento dos americanos: "Half of Americans Concerned Zika Will Spread to Their Neighborhoods", 23 de fevereiro de 2016, http://www.annenbergpublicpolicycenter.orghalf-of-americans-concernedzika-will-spread-to-their-neighborhoods/; "More Than 4 in 10 Mistakenly Think Zika Is Fatal, Symptoms are Noticeable", 10 de março de 2016, http://www.annenbergpublicpolicycenter.org/more-than-4-in-10-mistakenly-think-zika--is-fatal-andsymptoms-are-noticeable/; "Who Does the Public Think Is Mostat Risk from Zika?", 8 de abril de 2016, Annenberg Public Policy Center, http://www.annenbergpublicpolicy center.org/who-does-thepublic-think-is-most-at-risk-from-zika/.

184 No final de 2009, conheci: Donald G. McNeil Jr., "Flu Story: A Pregnant Woman's Ordeal", *The New York Times*, 19 de outubro de 2009, http://www.nytimes.com/2009/10/20/health/20pregnant.html.Zika_3pp.indd.

Este livro foi composto em Adobe Garamond Pro e Bliss Pro e impresso pela Intergraf para a Editora Planeta do Brasil em setembro de 2016.